KB183878

빅데이터 시대 데이터 문해력 향상 프로젝트

나를 위한 최소한의 통계 읽기

빅데이터 시대
데이터 문해력
향상 프로젝트

앨버트 러더퍼드 지음 / 장영재 옮김

나를 위한 최소한의 통계 읽기

북스힐

빅데이터 시대 데이터 문해력 향상 프로젝트
나를 위한 최소한의 통계 읽기

초판 인쇄 2024년 11월 10일
초판 발행 2024년 11월 15일

지은이 앨버트 러더퍼드
옮긴이 장영재
펴낸이 조승식
펴낸곳 도서출판 북스힐

등록 1998년 7월 28일 제22-457호
주소 서울시 강북구 한천로 153길 17
전화 02-994-0071
팩스 02-994-0073
인스타그램 @bookshill_official
블로그 blog.naver.com/booksgogo
이메일 bookshill@bookshill.com

ISBN 979-11-5971-595-2
정가 15,000원

c o n t e n t s

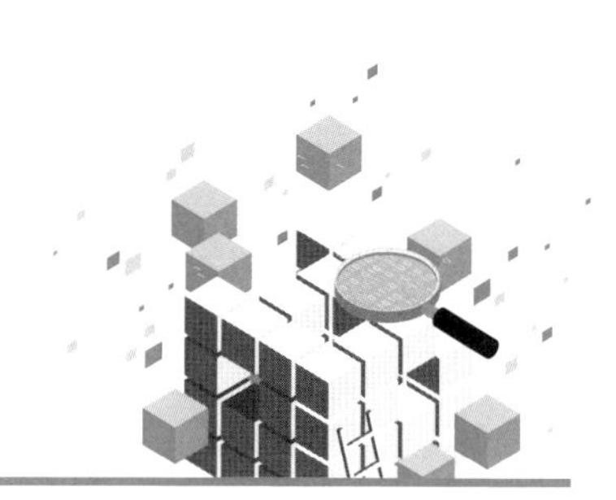

제 1 장

이 책이 필요한 이유

이 제품을 사용한 사람의 98%가 증상이 개선되었다고 보고했습니다!

이 약을 복용한 사람은 평균적으로 23.5킬로그램을 감량했습니다!

인터뷰에 참여한 사람의 87%가 질문에 호의적으로 응답했습니다!

TV에서 상품 광고를 보고 써 보고 싶다는 생각이 든 적이 있는가? 제품을 더욱 매력적으로 보이게 하는 몇 가지 통계가 포함된 광고였을 수도 있다.

광고주나 정치인을 비롯하여 특정한 주장을 펼치려는 사람들은 종종 숫자를 인용한다. 숫자가 일반 소비자나 유권자에게 영향력이 크다는 사실을 알기 때문이다. 우리 중 대부분은 설득력 있게 들리는 숫자를 보면 의심하지 않고 믿는다. 98%의 사용자가 효과를 봤다고? 그렇다면 나도 한번 써 봐야지!

숫자는 강력한 무기다. 광고주, 정치인 등 숫자를 사용하는 사람들은 항상 그렇지는 않더라도 대개 숫자가 오해를 불러일으킬 가능성이 있다는 사실을 알고 있다.

98%를 인용한 광고는 표본으로 추출된 모집단에 상태가 호전된 사람들만 포함되었다는 사실을 알려 주지 않았을지도 모른다. 또는 살 빼는 약을 복용한 사람들이 '평균적으로' 23.5킬로그램의 몸무게를 줄이기는 했지만, 68킬로그램을 줄인 사람 한 명과 전혀 줄이지 못한 사람 다섯 명이 표본으로 추출되었을 수도 있다. 통계는 온갖 종류의 주장을 제시하기 위하여 조작될 수 있고, 모든 통계가 타당한 것은 아니다.

때로는 잘못 해석되거나 잘못 적용된 통계가 자리를 잡고 일반적으로 믿어지기도 한다. 1980년대와 1990년대에 권위 있는 과학저널에 발표된 한 연구는 왼손잡이가 오른손잡이보다 평균적으로 9년 일찍 사망한다는 결론을 내렸다.[1] 당신이 왼손잡이라면 아마도 누군가가 당신에게 이 불길한 통계를 언급했을 수도 있다.

기자들은 『로스앤젤레스 타임스Los Angeles Times』에 인용된 이론을 포함하여 당신이 들어 봤을 법한 몇 가지 이론을 대중화했다.

연구원들은 기계가 대부분 오른손잡이에게 맞춰 설계되었다는 사실을 사고사가 극적으로 증가하는 주요 원인으로 보았다. 종종 왼손잡이와 관련되

는 특정한 신경학·면역학적 결함도 수명 단축에 영향을 미치는 것으로 여겨진다.[2]

당신이 왼손잡이라면 사고로 사망할 가능성이 더 클 뿐만 아니라, 심지어 뇌에 무언가 문제가 있을지도 모른다!

그러나 이 연구에는 결함이 있었기 때문에 그 모든 이론이 부적절한 것으로 밝혀졌다. 연구원인 다이앤 핼펀Diane Halpern과 스탠리 코렌Stanley Coren은 일반 인구 집단에서 왼손잡이의 비율이 젊은 층 쪽으로 기울어진다는, 즉 청년층이 노년층보다 왼손잡이 비율이 높다는 사실에 주목했다. 『로스앤젤레스 타임스』는 이렇게 보고한다.

전체 인구 중 여성의 약 9%와 남성의 13%가 왼손잡이인데, 이전 연구에서는 특이한 연령 분포가 나타났다.
10세 때는 전체 인구의 15%, 20세 때는 13%가 왼손잡이다. 50세가 되면 이 수치가 5%로 떨어진다. 그리고 80세에는 1% 미만이 된다.
핼펀은 '그것이 처음에 우리가 이 연구에 관심을 두게 된 이유'라고 말했다.

그렇지만 핼펀과 코렌은 잘못된 결론을 끌어냈다.

그들의 연구에는 최근에 사망한 사람들의 가족을 대상으로 고인이 왼손잡이였는지 오른손잡이였는지를 묻는 설문 조사가 포함되었다. 그리고 젊은 층의 사망자 중에 왼손잡이였던 사람의 비율이 더 높은 결과가 나오자 왼손잡이와 관련된 무언가가 원인이라는 결론을 내렸다.

하지만 그들은 최근에 사망한 노인 중 다수가 오늘날 자라났다면 아마도 왼손잡이였을 것이라는 점을 고려하지 못했다. 여러 세대에 걸쳐 왼손잡이에게 낙인이 찍혔고, 학령기의 왼손잡이 아이들은 오른손잡이가 되도록 훈련받았다.[3] 사망자의 가족을 대상으로 한 조사에서는 누가 왼손잡이로 태어났고 누가 그렇지 않은지에 대한 정확한 데이터가 나오지 않았다.

이 왼손잡이 연구에는 표본에 숨겨진 편향이 있었다. 연구에서 고려되지 않은 이유로 인해 고령의 왼손잡이가 더 적었다는 점이다.

연구 결과에 영향을 미치는 숨겨진 편향의 또 다른 예는 다음과 같다. 당신이 시카고에 가서 수백 명의 사람에게 화이트 삭스White Sox의 팬인지를 물어본다고 상상해 보자. 시카고에는 컵스Cubs와 화이트 삭스라는 두 야구팀이 있고, 보통 때는 컵스가 삭스보다 더 많은 팬을 유치한다는 점을 기억하라. 평균적인 해에 전형적인 시카고 야구팬이라면 "아니요. 삭스를 응원하지 않습니다."라고 말할 것이다.

그러나 삭스가 월드 시리즈에 진출해서 필라델피아 필리스

Philadelphia Phillies와 맞서는 해에 같은 질문을 한다면 시카고 사람들은 당연히 "물론이죠. 화이트 삭스 팬입니다."라고 말할 것이다.

당신이 읽은 모든 것을, 심지어 과학 저널의 기사까지도 믿지 말아야 한다는 것이 이 이야기의 교훈일까? 그렇지 않다. 진정한 교훈은 정보의 소비자로서 올바른 과학과 정크junk 과학을 구별하는 법을 배울 필요가 있다는 것이다. 당신이 듣는 통계가 무언가 옳지 않은 것처럼 느껴진다면, 아마도 옳지 않은 통계일 것이다.

한 심리학 및 의학 교육 교수는 왼손잡이가 더 젊은 나이에 사망한다는 이론에 대하여 다음과 같이 지적했다.

> 이것이 사실이라면 기대 수명에 대하여 우리가 확보한 가장 중요한 단일 예측 인자가 될 것이다. 이는 하루에 120개비의 담배를 피우면서 다른 여러 가지 위험한 일을 하는 것이나 마찬가지이다.[4]

다시 말해서, 이 이론은 타당하게 느껴지지 않는다. 우리는 이 연구에서 무언가가 잘못되었음을 즉시 알아차렸어야 했다.

이 책은 당신에게 좋은 과학과 나쁜 과학, 신뢰할 수 있는 결과와 신뢰할 수 없는 결과, 타당한 통계와 잘못 적용된 통계를 식별하는 데 필요한 이해력과 도구를 제공할 것이다.

몇 가지 기초적인 통계를 알면 참된 주장과 거짓 주장을 구별할 줄 아는 더 나은 소비자가 되는 데 도움이 된다.

진실되거나 중립적인 관점을 나타내는 통계인지, 아니면 특정한 주장을 위하여 편향된 통계인지를 알게 해 준다. 정치를 더 잘 이해하고, 광고주의 조작을 더 잘 알아채고, 더 낫고 건강한 삶을 살아가는 데 도움이 되는 결론을 더 잘 도출하게 된다. 통계는 당신이 더 나은 시민이 되도록 도울 수 있다.

이 말이 대담한 주장처럼 들릴지도 모르지만, 책을 읽다 보면 사실임을 알게 될 것이다. 이 책은 오해의 소지가 있는 주장에서 타당한 주장을 찾아내고, 사실이라기에는 너무 좋아 보이는 통계에 의문을 제기하고, 진실일 리 없음을 아는 무언가에 대해 통계를 이용하여 당신을 설득하려는 사람들에게 반박할 수 있는 지식을 제공할 것이다.

이어지는 장에서 배울 내용의 간략한 개요는 다음과 같다.

- 통계 분석의 기초
- 데이터의 수집과 해석
- p값과 베이즈 정리Bayes' Theorem
- 실생활에 적용되는 통계

- 통계적 사고
- 시각적 표현: 숫자를 통해 이야기하기
- 통계의 잘못된 해석: 통계의 다섯 가지 함정과 그것을 피하는 방법
- 데이터 조작과 도표의 힘

이 책은 데이터 문해력data literacy이 그 어느 때보다도 중요한 시기에 나왔다. 그런데 데이터 문해력이란 정확히 무엇일까? 당신이 이 책에서 배울 기술은 무엇일까?

위키피디아는 데이터 문해력을 '정보로서의 데이터를 읽고, 이해하고, 창조하고, 전달하는 능력'으로 정의한다.[5] 데이터 리터러시 프로젝트Data Literacy Project의 케빈 헤네갠Kevin Hanegan은 데이터를 분석하고 해석하는 사고방식을 포함하는 더 포괄적인 정의가 필요하다고 생각한다. 따라서 그는 데이터 문해력을 '개인이 데이터에 입각한 효과적 의사 결정을 할 수 있도록, 데이터에서 통찰과 의미를 찾아내는 기술과 사고방식의 조합'으로 정의한다.[6]

데이터 문해력은 데이터에서 의미를 찾아내는 기술 및 사고방식과 데이터를 효과적으로 이해하고 전달하는 능력으로 정의될 수 있다. 우리는 데이터를 수집하고 분류하는 과정, 데이터를 전달하는 다양한 척도measure와 시각적 표현, 그리고 통계가 당신의 일상생활에 어떤 영향을 미치는지를 살펴볼 것이다. 또한 당신을 설득하기

위하여 통계가 어떻게 오용될 수 있는지, 그리고 어떻게 하면 조작된 데이터를 알아차릴 수 있는지 분석하는 데도 시간을 할애할 것이다.

데이터 문해력이 왜 그렇게 중요한지에 대한 『포브스Forbes』의 2022년도 기사에 따르면, 설문 조사에 응한 비즈니스 리더 2,000명 중 82%가 '모든 직원이 기본적인 데이터 문해력을 갖출 것을 기대한다.'[7] 당신이 일자리를 찾는 중이라면 데이터의 수집이나 분석에 대해 무엇을 아는지 질문받을지도 모른다.

하지만 그 밖에도 데이터 문해력은, 우리의 믿음이 정부와 문화를 형성하는 민주주의에 참여하는 시민이 되는 데 매우 중요하다. 스마트폰을 통해서 거의 쉬지 않고 정보를 소비하는 세상에서 우리는 소비하는 정보에 대한 문해력을 갖출 필요가 있다.

우리만 쉬지 않고 데이터를 소비하는 것이 아니라, 우리에 관한 데이터도 우리가 알고 승인하는지와 무관하게 끊임없이 수집되고 분석된다. 페이스북이 사용자 데이터를 케임브리지 애널리티카Cambridge Analytica에 판매한 사실이 드러난 2018년의 케임브리지 애널리티카 스캔들을 기억하라.

소셜 미디어가 당신에게 표적 광고targeted ads를 내보내고, 당신이 어떤 뉴스를 보고 싶어 하는지를 스마트폰이 알고, 음악 스트리밍 서비스가 당신에게 꼭 맞는 노래를 고를 줄 아는 것은 기술 회사에 당신에 관한 정보가 있기 때문이다. 기술 혁명이 일어나기 훨씬 전에도 라디오의 디제이가 다음에 무슨 곡을 틀어야 할지를 알았던 것은 청취자에 관한 데이터 덕분이었다.

다음은 소셜 미디어 기업들이 우리의 데이터를 어떻게 사용하는지와 그 잠재적인 결과에 대한 브루킹스 인스티튜트Brookings Institute의 설명이다.

> 소셜 미디어 알고리즘은 (중략) 사용자가 참여할 가능성이 가장 높은 콘텐츠를 제공하도록 설계되었다. 이러한 알고리즘은 브라우징browsing 활동, 구매 이력, 위치 데이터 등이 포함된 사용자의 온라인 활동에 대하여 대규모로 수집된 데이터를 활용한다.

이는 '잘못된 정보를 퍼뜨리고 고착시킬 여지가 있는' 목적을 가진 콘텐츠를 허용한다.[8] 많은 사람은 이렇게 잘못된 정보를 확신하려는 목적으로 데이터가 사용되기 때문에 미국이 정치적으로 그토록 양극화되었다고 주장한다.

당신이 알든 모르든, 데이터는 우리를 둘러싸고 있고 우리에 관한 데이터가 끊임없이 생성되고 있다. 따라서 데이터의 힘을 활용하고 통계가 우리를 위해 어떤 일을 할 수 있는지를 배우는 것이 최선이다.

시애틀 시호크스Seattle Seahawks(미국 워싱턴주 시애틀의 프로 미식축구팀–옮긴이)의 사례에서 그랬듯이 정치적으로 덜 중요한, 그러나 재정적으로는 더 중요한 측면에서도 데이터 문해력은 당신의 회사가 비용을 절약하는 데 도움이 될 수 있다.

앞에서 소개한 『포브스』 기사는 데이터 시각화 기업(7장과 9장에서 데이터 시각화에 대하여 더 자세히 알아볼 것이다.) 태블로Tableau의 회장 겸 CEO인 마크 넬슨Mark Nelson의 말을 인용한다. 데이터를 이해하는 것이 기업의 비용 절감에 어떻게 도움이 되는지에 대한 그가 가장 좋아하는 이야기다. 넬슨에 따르면 경기장의 오디오 품질에 대해 팬들로부터 많은 불만을 접수한 시애틀 시호크스를 데이터가 구원했다고 한다.

> 시호크스는 문제를 해결하기 위하여 수백만 달러 규모의 음향 시스템 개조에 착수할 참이었다. 그러나 그들은 우선 데이터를 조금 더 깊이 파고들었다. 관중석 위치에 따른 고객 불만 사항을 조사한 결과 경기장의 네 모퉁이에 앉은 팬들만이 음향 품질에 불만을 나타내고 있다는 사실이 드러났다. 시호크스는 이어서 경기장의 원래 설계에 있었던 결함이 네 모퉁이의 오디오 품질에 영향을 미쳤음을 알아냈다.
> 따라서 수백만 달러를 들여서 음향 시스템 전체를 개조하는 대신에 네 모

통이에 스피커를 추가로 설치했다. 아니나 다를까, 팬 만족도 조사 결과가 모두 호전되었다.[9]

그러므로 당신의 축구팀을 위한 최신식 경기장을 건설하기 전에 데이터를 모으고 그것이 무엇을 말해 주는지를 살펴보라. 통계를 분석하는 능력은 당신이 수백만 달러를 절약하도록 해 줄지도 모른다.

제 2 장

통계 분석의 기초

먼저, 통계가 무엇이고 왜 그렇게 복잡한지가 궁금할 것이다. 온라인 사전 딕셔너리닷컴dictionary.com은 통계를 '다소 이질적인 요소의 집합체에 질서와 규칙성을 부여하는 과학'이라고 설명한다.[10] 쉽게 말해서, 통계는 우리가 삶과 주변 세계를 이해하는 데 도움을 준다. 통계는 숫자나 인구 집단의 대규모 집합을 살펴보고 그로부터 의미를 찾으려 노력한다.

메리엄 웹스터Merriam-Webster 사전의 통계학 정의는 우리에게 더 많은 것을 알려 준다. 그들에 따르면 통계는 '대량의 수치 데이터의 수집, 분석, 해석 그리고 제시를 다루는 수학의 한 분야'다.[11] 천천히 이 문장을 다시 읽어 보라. 그 안에 많은 정보가 있다. 통계에는 데이터를 '수집'하고, '분석'하고, '해석'하고, '제시'하는 일이 포함된다.

각각의 단계가 잘 수행되어 참되고 타당한 결과를 얻을 수도 있고, 엉성하게 혹은 편향적으로 수행되어 신뢰할 수 없는 결과가 나올 수도 있다. 당신은 과학 연구의 결과가 철회되거나 영향력 있는 사람들과 기업이 이전의 주장을 철회하는 것을 들어 보았을 것이다. 그것은 아마도 그들이 방법론에서, 종종 데이터를 '수집'하는 첫 번째 단계에서 결함을 발견했기 때문일 것이다. 반면 광고주와 정치인은 사람들이 들어 주기 원하는 이야기를 전달하도록 데이터를 '제시'하는 데 전문가이지만, 그들이 제시하는 데이터가 반드시 현실을 반영하는 것은 아니다.

통계는 두 가지 큰 범주로 나뉘고, 각 범주는 다시 더 작은 범주로 나뉜다. 다음 도표를 참조하라.

통계학의 두 주요 분야는 자료 수집의 이론과 수학을 다루는 이론 통계학과 통계를 사용하여 우리가 삶을 이해하는 데 도움을 주는 응용 통계학이다. 이 책에서 우리는 응용 통계만을 살펴볼 것이다.

응용 통계는 현상을 '설명'하는 **기술 통계**descriptive statistics와 표본 및 확률을 사용하여 모집단을 '추측'하는 **추측 통계**inferential statistics를 포함하여 여러 범주로 나뉜다.

기술 통계에는 평균값mean, 중앙값median, 최빈값mode, 범위range를 비롯하여 당신이 초등학교 고학년이나 중학교에서 배웠을 용어들이 포함된다. 추측 통계는 모집단과 표본을 살펴본다. 다음은 응용 통

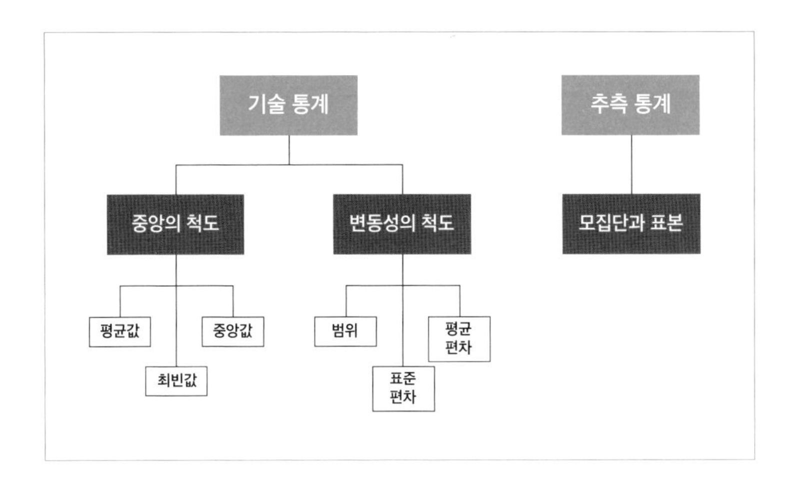

계의 두 주요 분야에 대한 이해를 돕기 위한 간략한 도표다.

더 깊이 들어가기 전에, 이어지는 장에서 살펴볼 이들 기본적 용어에 대하여 조금 더 알 필요가 있다. 다음은 당신이 참조할 만한 몇 가지 정의다. 용어의 의미를 상기해야 할 때는 언제든지 이 페이지로 돌아오라.

기술 통계

기술 통계는 데이터가 무엇인지에 대한 윤곽을 제공한다. 기술 통계에서도 추측을 끌어낼 수 있지만, 그것은 단순히 대규모의 데이터 집합을 다루기 쉬운 숫자로 설명하고 요약함을 의미한다.

기술 통계는 **정량적** 데이터와 **정성적** 데이터 모두에 사용된다. 정량적 데이터에는 숫자와 척도 같은 양이 포함된다. 정성적 데이터는 측정할 수는 있으나 정량화할 수 없는 속성이나 현상을 포함한다. 다시 말해 정성적 데이터는 설명하거나 라벨을 붙일 수 있지만, 숫자로 표시할 수는 없다.

정량적 데이터의 예로는 사무실에 있는 사람들의 나이나 사람들이 달러로 보유한 부채의 금액 같은 것이 있다. 이런 정보는 숫자로 표시가 가능하다. 정성적 데이터는, 예컨대 사무실에 있는 모든 사람이 가장 좋아하는 음식이나 작년에 구입한 자동차의 종류 같은 것이다. 정성적 데이터는 숫자가 아니라 범주의 집합이다.

이러한 유형의 데이터는 모두 기술 통계로 설명할 수 있다. 특정한 지역에 거주하는 가구로부터 데이터를 수집한다고 생각해 보라. 가구의 소득은 정량적 데이터이고, 각 가구가 소유한 자동차의 색상은 정성적 데이터일 것이다.

다음 용어들은 정량적 데이터에 가장 자주 사용된다. 이들 용어는 자세히 살펴보기가 너무 어려운 대규모의 데이터 집합을 이해하는 데 도움이 된다.

중앙의 척도

데이터 집합의 평균이나 중앙에 대한 정보를 제공하는 계산을 뜻한다. 또는 중심적 경향의 척도라고도 한다.

① 평균값

둘 또는 그 이상의 숫자 집합의 평균. 당신이 '평균average'이라는 말을 들을 때 사람들은 거의 언제나 이 값을 말하는 것이다. 평균값mean은 모든 숫자를 더한 합계를 집합에 있는 요소의 수로 나누어 구한다. 데이터를 균등하게 분배하는 것으로 생각할 수도 있다. 당신이 무엇을 측정하든 모든 사람이나 모든 것에서 측정된 양이 동일하다면, 그 양은 얼마가 될까?

쿠키를 가진 아이 다섯 명이 있다. 네 아이는 각자 쿠키 1개, 다섯 번째 아이는 9개를 가지고 있다. 각 아이가 같은 수를 갖도록 쿠키를 재분배하면 아이들은 각자 쿠키 수의 평균값인 3개를 갖게 될 것이다. 우리는 쿠키의 수를 모두 더하고 집합에 있는 요소(아이들)의 수로 나누어 이 값을 구할 수 있다.

$$\frac{1+1+1+1+9}{5}=3$$

아이들이 가진 쿠키의 평균값은 3(정확한 값은 2.6)이다. 이는 어느 한 아이라도 반드시 쿠키 3개를 가지고 있다는 것이 아니라 모든 아이에게 균등하게 쿠키를 배분하면 각자가 3개씩 갖게 된다는 뜻이다.

② 중앙값

가장 작은 것부터 가장 큰 것까지, 또는 그 반대 순서로 집합의 요소를 나열할 때 데이터 집합에서 중앙이 되는 점이 중앙값median이다.

나이가 6세, 29세, 17세, 63세, 2세인 다섯 사람이 방에 있다. 중간 항을 찾기 위하여 가장 작은 숫자부터 가장 큰 숫자까지 배열하라.

2, 6, **17**, 29, 63

이 집합에서 나이의 중앙값은 17이다. 가장 큰 수부터 가장 작은 수까지(63, 29, 17, 6, 2) 배열해도 중앙값이 여전히 17임을 확인하라.

짝수 개의 항이 있는 경우라면 중앙에 2개의 숫자가 있게 된다. 중앙값을 찾으려면 중앙에 있는 두 숫자의 평균을 구한다.

여섯 번째 사람이 방에 들어와서 이제 사람들의 나이가 6세, 29세, 17세, 63세, 2세, 41세가 되었다. 숫자를 다시 순서대로 배열하고 중앙에 있는 두

항을 찾아 보자.

2, 6, **17**, **29**, 41, 63

두 중앙 항(17과 29)의 평균값은 $\frac{17+29}{2}=23$ 이다. 따라서 이 숫자 집합의 중앙값은 23이 된다. 방에 있는 사람 중에 실제로 나이가 23세인 사람이 아무도 없다는 사실에 주목하라. 평균값과 마찬가지로, 중앙값이 실제 사람이나 데이터 점을 나타내는지는 중요하지 않다.

③ 최빈값

집합에서 가장 자주 나타나는 숫자를 최빈값mode이라고 한다. 2개 이상의 숫자가 동일한 횟수로 나타나는 경우라면 하나 이상의 최빈값이 존재할 수 있다.

한 설문 조사에서 열 가족에게 반려동물을 몇 마리나 데리고 있는지를 물었더니 1, 1, 3, 2, 2, 5, 1, 1, 5, 2라는 답이 돌아왔다. 이 경우의 최빈값은 1이다. 집합에 있는 다른 어떤 숫자보다도 1이 자주 나타나기 때문이다.

최빈값은 무언가가 얼마나 일반적인지에 대한 인식을 제공할 수 있다. 이들 척도 중 어느 것도 단독으로는 데이터 집합에 대하여 당신이 알아야 할 모든 것을 말해 주지 않을 것이다. 그러나 세 가지 척도를 모두 사용하면 대규모의 집합을 더 잘 설명하는 그림을 얻을 수 있다.

변동성의 척도

데이터 점의 변동 정도에 대한 정보를 제공하는 계산을 말한다.

① 범위

집합에서 가장 큰 숫자와 가장 작은 숫자의 차이가 범위range다. 가장 큰 숫자에서 가장 작은 숫자를 빼서 구한다.

앞에서 예로 든 나이가 6, 29, 17, 63, 2, 41세인 여섯 사람의 집단에서 연령의 범위는 63-2=61이다.

범위는 데이터 점이 펴져 있는 정도를 알려 준다. 범위 역시 다른 척도와 함께 사용할 때 가장 유용하다. 6명으로 이루어진 집단의 중앙값 나이가 23세라고 들었다면, 사람들의 실제 나이가 어떻게 분포되는지는 전혀 알 수 없을 것이다. 조사된 사람들이 모두 20대이거나 아니면 0세에서 100세까지 다양한 연령대에 있을지도 모른다. 두 경우 모두 동일한 중앙값이 산출될 것이다. 범위는 데이터 점의 변동 폭이 어느 정도인지를 알려 준다.

② 그 밖의 척도

변동성의 다른 척도로는 **표준 편차**standard deviation, **사분위수 범위**interquartile range(IQR) 그리고 **분산**variance이 있다. 이들은 모두 통계 수업에서 배우게 되는 중요한 척도이며 정교한 연구를 위하여 필요하다. 그러나 이 책의 목적을 위해서는 이러한 변동성의 척도가 존재하고, 데이터에 중요한 통찰을 제공한다는 사실을 아는 것으로 충분하다.

그밖에도 변동성을 살펴볼 때 나타나는 용어에는 클러스터와 특이치가 있다. **특이치**outlier는 주 클러스터 밖에 있는 데이터 점이다. 예를 들어 사람들의 주택이나 아파트 크기에 대해 설문 조사를 하면 대부분 사람의 주택이 특정한 범위 내에 있겠지만, 아주 작은 주택에 거주하는 사람이나 맨션을 소유한 사람은 특이치에 해당하는 데이터 점을 제공하게 된다.

특이치는 중앙의 척도, 특히 평균값을 왜곡하는 것으로 악명이 높다. 소득에 관한 자료를 보고할 때 중앙값이 더 자주 사용되는 것은 그 때문이다. 예를 들어 상위 1%의 소득자는 나머지 사람들보다 훨씬 더 많은 소득을 올려서 평균값을 끌어 올린다. 낮은 쪽에 있는 특이치 역시 평균값을 끌어 내릴 수 있다. 또 다른 예시로, 파티에

30대 집단과 아기 한 명이 있었다면 전체의 평균 나이가 15세 정도가 되어 파티 참석자의 연령대에 대한 오해를 불러일으킬 것이다. 이런 경우와 중요한 특이치가 있는 대부분 경우에는 중앙값 같은 중앙의 다른 척도가 더 유용하다.

클러스터cluster는 정확히 말 그대로 주목할 만한 데이터 집단이 모여 있는 곳이다. 미국인 모두를 대상으로 데리고 있는 반려동물의 수를 조사한다면 0, 1, 2 주변의 데이터(사람들의 응답) 클러스터를 예상 가능할 것이다. 두 마리가 넘는 반려동물을 키우는 사람이 두 마리 이하를 키우는 사람만큼 많지 않을 것이다.

데이터의 **형상**shape을 살펴볼 때는 종종 클러스터와 특이치가 함께 사용된다. 형상은 말 그대로 모든 데이터 포인트를 좌표 격자에 그렸을 때 보게 될 것이 무슨 모양인지, 또는 곡선이 있다면 어떤 종류의 곡선인지를 의미한다. 가장 잘 알려진 데이터 형상은 종형 곡선bell curve이다. 종형 곡선에서는 데이터 점이 대부분 중간 영역에 위치하고 범위의 높거나 낮은 말단으로 가면서 점점 줄어든다.

추측 통계

추측 통계는 조사하거나 연구하기가 너무 어려운 대규모의 모집단을 이해하는 데 도움이 된다. 추측 통계에서는 모집단을 대표하는 작은 표본을 사용하여 연구가 수행되고, 결과에 대한 추론을 통하여 큰 모집단에 대한 결론이 도출된다.

① 모집단

정확히 당신이 생각하는 의미 그대로, 모집단population은 집단의 모든 구성원이다. 20세와 40세 사이의 모든 미국인에 대한 통계적 질문이 있다면 20세와 40세 사이의 모든 사람이 모집단이 된다. 한 학급이나 가족을 조사하는 경우라면 작고 다루기 쉬울 수도 있지만, 모집단은 종종 전체에 대한 조사가 비현실적일 정도로 매우 크다.

② 표본

모집단을 대표하는 하위 집단이 표본sample이다. 표본이 연구에 사용되는 이유는 모집단 전체보다 훨씬 다루기 쉽기 때문이다.

표본을 추출할 때 까다로운 부분은 모집단 전체를 '대표'하는 표본이 되어야 한다는 것이다. 이는 모집단과 동일한 특성을 같은 비율로 공유해야 한다는 뜻이다.

예를 들어 지난 선거에서 공화당 후보에게 투표한 미국인의 비율을 알고 싶을 때, 미국의 모든 유권자를 대상으로 한 설문 조사는 합리적인 방법이 아니다. 대신에 등록된 공화당원과 민주당원의 비율이 일반 모집단과 대략 동일한 표본을 선택하게 될 것이다. 공화당원만을 대상으로 조사한다면 타당한 결과가 나올 수 없다. 표본의 하위 집단은 더 큰 모집단의 하위 집단에 비례해야 한다. 이에 대해서는 다음 장에서 더 자세히 살펴볼 것이다.

이제 몇 가지 중요한 통계 용어와 통계를 이해하는 일이 그렇게 중요한 이유에 대한 초보적 이해를 갖추게 되었으니, 데이터를 수집하고 해석하는 과정을 살펴보자.

제 3 장

데이터의 수집과 해석

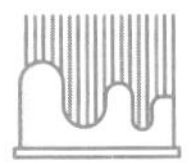

과학 실험이 항상 가설과 함께 시작되는 것과 마찬가지로, 데이터 분석은 항상 '왜?'와 함께 시작된다. 데이터를 모으기 전에 데이터를 모으는 이유가 있어야 한다.

"특정한 모집단의 추세를 파악하려는 것인가?"

"결정을 내리거나 제품을 광고하는 데 도움이 되는 무언가에 대한 선호도를 알아내고자 하는가?"

"특정한 주제에 대한 평균을 살펴봄으로써 무엇을 알 수 있는지가 궁금한가?"

당신의 질문은 데이터를 수집하기 위하여 어떤 프로세스를 사용할지를, 이어서 수집된 데이터가 얼마나 깔끔하고 정확한지를 결정할 것이다. 타당한 결과를 얻으려면 전체 과정의 각 단계가 대단히 중요하다.

통계 분석은 다음 5단계 과정으로 생각할 수 있다. 질문의 정의와 방법론의 파악, 데이터의 수집, 기술 통계를 사용한 데이터 정리 및 요약, 데이터의 처리와 가설의 적용, 추론 및 결과 적용.[12] 다음은 이 과정을 설명하는 데 도움이 되는 도표다.

과정 1 ▶ 질문의 정의

무엇을 알아내려는지 파악한 후에는 질문을 만드는 데 시간을 투자해야 한다. 당신의 질문이 정량적인가 정성적인가? 정성적인 질문이라면 깔끔하고 편향이 없는 결과를 얻기 위하여 어떻게 표현할 수 있을까?

이는 데이터를 수집하고 해석하는 과정에서 대단히 중요한 단계다. 질문이 사람들을 특정한 대답으로 이끌도록 작성될 수도 있고, 그런 경우에는 편향 없는 중립적 결과를 얻지 못할 것이다.

"1에서 5까지의 척도로, 어젯밤 연설이 얼마나 훌륭했다고 생각하십니까?"

"우리 브랜드 제품 중 어떤 것을 가장 좋아하십니까?"

"우리 시 정부의 재정적 책임을 더욱 강화하고 그동안 누적된 막대한 부채를 줄이기 위한 제안 A를 지지하십니까?"

세 질문 모두 무언가를 가정하거나 특정한 답변을 유도한다.

두 번째 질문에서 해당 브랜드 제품 중 좋아하는 제품이 아무것도 없는데 하나를 선택하여 응답해야 한다면 어떻게 될까? 이는 당신이 해당 브랜드의 모든 제품을 좋아한다고 가정한 유도 질문loaded question이다.

세 번째 질문도 응답자가 다른 답변이 아닌 한 가지 답변을 선택하도록 하는 표현을 사용한 유도 질문이다. 이 질문은 당신이 '예'라고 대답하도록 유도하는 방식으로 표현되었다. 당신의 인생에서 죄책감을 부추기는 누군가가 있다면 아마 이런 유형의 질문을 알고 있을 것이다.

"정말로 이 늙은 어미가 손주들을 보려고 6시간을 운전해서 가기를 바라는 게냐? 너희가 비행기를 타고 나를 보러 오는게 아니라?"

질문은 또한 깔끔하고 명확한 데이터를 얻을 수 있도록 작성되어야 한다. 표본 집합에서 감자칩을 좋아하는 사람들이 얼마나 되는지를 알고 싶다고 가정해 보자. "샌드위치를 주문할 때 감자칩도 함께 주문하는 것이 보통입니까?"라고 묻는다면, 응답자가 실제로 감자칩을 좋아하는지 아니면 그저 샌드위치에 곁들여 먹기를 좋아하는지 알 수 없을 것이다. 정보를 복잡하게 만들지 않는 더 직접적인 질문을 하면 더 참된 결과를 얻을 수 있다.

과정 2 ▶ 데이터의 수집

무엇에 대하여 알고 싶은지 파악하고 질문을 작성하고 나면 데이터를 수집할 준비가 된 것이다. 그러나 잠깐! 실제로 데이터를 모으기 전에 표본을 정의하는 것이 중요한 다음 단계다.

선택된 표본의 특성은 전체 모집단과 같은 비율이어야 한다. 표본에 숨겨진 편향을 조심해야 한다. 예시로 앞서 설명된 왼손잡이 연구에는 표본에 숨겨진 편향이 있어서 부정확한 결과와 부정확한 결론으로 이어졌고, 아마도 수많은 왼손잡이가 단순히 왼손잡이라는 이유만으로 일찍 죽게 될 것을 두려워하게 했을 것이다.

대표적 표본을 얻는 가장 효과적인 방법의 하나는 무작위 표본 추출random sampling이다. 무작위 표본 추출은 표본 집단이 흔히 컴퓨터를 통해 완전히 무작위하게 선택된다는 것을 의미한다. 모집단의 모든 구성원은 표본 집단의 일부로 선택될 가능성이 동일하다. 모집단이 비교적 균질하다면 무작위 표본 추출이 무리 없이 이루어진다.

예를 들어, 미국의 10대 중 몇 퍼센트가 껌을 씹는지 알고 싶다고 생각해 보자. 껌은 미국에서 어디서나 구할 수 있다고 해도 무방할 것이다. 특별히 비싸지도 않고 모든 식품점이나 편의점에서 찾을 수 있다. 따라서 무작위로 표본을 추출하여 조사하더라도 껌에 대한 접근성이 모집단의 10대와 거의 같을 것이다.

반면에, 10대 중 몇 퍼센트가 해외여행 경험이 있는지 알고 싶다고 가정하자. 이 연구를 위한 표본을 결정하기는 더 까다로울 것이다. 멕시코와 캐나다 국경 근처에 사는 일부 10대는 부유한 가정의 10대들과 마찬가지로 해외여행을 해 봤을 가능성이 높다. 가정 형편이 넉넉지 않고 국경에서 멀리 떨어진 곳에 사는 10대들은 나라 밖으로 나가 봤을 가능성이 낮다. 따라서 무작위 표본이 반드시 일반 모집단을 대표하는 것은 아니다. 그럴 수도 있지만, 예컨대 주로 국경 마을에 사는 사람들이 우연히 표본에 포함되지 않으리라 보장할 방법은 없을 것이다.

계층화 무작위 표본 추출stratified random sampling은 이질적인 모집단에 대하여 더 정확하게 표본을 추출하는 방법이다. 진정한 무작위 표본 추출과 달리, 계층화 무작위 표본 추출은 모집단의 하위 집단을 고려한다.[13] 각 하위 집단은 모집단 내에서 다른 집단과 구별되는 집단으로 '계층strata'이라 불린다.

10대의 해외여행에 대한 가상의 연구에서는 해외여행 경험 유무에 영향을 미치는 계층을 정의할 필요가 있다. 아마도 당신은 경제적 지위, 지리적 위치 등을 기준으로 계층을 정의하고 싶을 것이다. 표본을 정의하는 것이 왜 그렇게 까다로운 작업인지를 알 수 있다. 계층을 정의한 후에는 각 계층에서 비례적으로 표본을 추출하게 된다.

계층화 무작위 표본 추출을 이해하기 위하여 간단한 예를 들어 보자. 특정한 도시의 인구 중 몇 퍼센트가 TV로 농구 경기를 시청하는지 알고 싶다고 하자. 당신은 성별이 이와 관련된 요소라고 생각한다. 따라서 표본의 남성 대 여성 비율이 도시의 인구 전체와 동일한 비율이 되는 것이 중요하다. 예를 들어, 도시 인구의 55%가 남성이고 45%가 여성이라면 표본도 55%가 남성이고 45%가 여성이어야 한다. 인구 중에 이분법적으로 구분할 수 없는 구성원이 있는 경우에는 역시 비례적으로 대표되어야 하는 세 번째 계층을 구성할 필요가 있다.

다음은 계층화 무작위 표본 추출을 설명하는 데 도움이 되는 도표다.[14]

도표에 나타낸 모집단에 대하여 완전히 무작위하게 표본을 추출했다면, 예컨대 모두가 회색으로 표시된 사람들(계층2)이 표본으로 선택되거나 아니면 하늘색과 파란색은 있으나 회색으로 표시된 사람들이 없는(계층1과 계층3) 표본이 선택될 수 있다. 계층을 결정하고

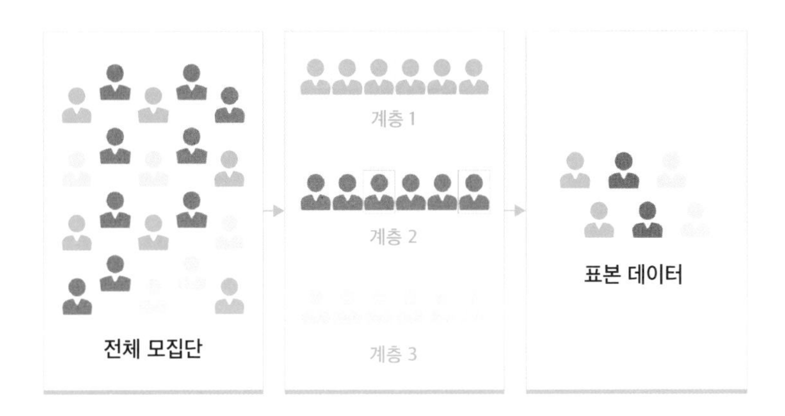

각 계층에서 비례적인 수를 선택하는 것은 표본이 각 계층에 대하여 전체 모집단과 동일한 비율을 갖게 됨을 의미한다. 위의 예에서는 모집단에서 하늘색, 회색 그리고 파란색으로 표시된 사람의 수가 같다. 따라서 표본도 각 계층이 같은 수(각 2명)로 구성되어 모집단에 비례하게 된다.

다른 유형의 표본 추출 방법은 확률을 사용하여 간단한 무작위 표본 추출보다 약간 더 많은 제어 기능을 제공한다. 그러나 우리의 목적을 위해서는 순전한 무작위 표본 추출과 계층화 표본 추출의 차이점을 아는 것만으로도 데이터 수집의 첫 단계가 얼마나 중요한지를 이해하는 데 도움이 된다.

일부 유형의 연구에는 무작위가 아닌 표본이 필요하다. 예를 들면, 제약회사가 표적 집단에 대하여 새로운 약의 효과를 시험하는 경우다. 이런 연구는 일반적으로 대규모 모집단의 추세를 찾는 것보다는 더 탐구적이고 조사를 위한 연구다.[15] 이것이 바로 당신의 질문과 필요한 데이터의 유형을 파악하는 일이 중요한 이유다. 가장 유용하고 편향이 없는 데이터 수집 방법은 질문이 결정한다.

이제 질문을 정의하고 표본을 식별했으므로, 나가서 데이터를 수집할 준비가 되었다. 마케팅 연구에 참여했거나 설문 조사에 응답한 적이 있다면 그것이 바로 데이터가 수집되는 단계다. 지금까지 주의를 기울였다면, 다음 단계에서 여전히 데이터를 '정리clean' 해야 하지만, 데이터의 수집이 순조롭게 진행된다.

과정 3 ▶ 데이터의 정리 및 요약

데이터를 수집한 후에는 분석할 준비가 되었을까? 잠깐. 먼저 데이터를 살펴보고 정리되었는지를 확인해야 한다. 데이터의 정리는 말 그대로 오류나 중복이 없는지, 정확하게 수집되었는지, 당신의 컴퓨터 또는 당신이 분석 가능한 올바른 형식인지를 확인하기 위하여 데이터를 살펴보는 일이다.[16]

데이터의 집합이 작을 때는 실수나 누락된 정보가 없는지 확인하기 위하여 데이터를 살펴보는 게 다일 정도로 정리가 쉬울 수도 있다. 그러나 대규모 집합에서는 데이터를 정리하는 과정에 오랜 시간이 걸릴 수 있다. 특히 컴퓨터나 자동화된 프로세스를 통해서 수집된 데이터에는 중복되거나 누락된 값이 있을 가능성이 크다.

모집단의 표본에 대하여, 구글 폼Google Forms을 조사 도구로 사용해 특정한 주제에 관한 설문 조사를 한다고 상상해 보라. 조사 결과를 살펴보면 일부 사람이 성씨를 입력하는 것을 잊었거나 나이를 입력해야 할 곳에 주소를 입력했음을 알게 될 것이다. 어쩌면 설문의 응답을 두 번 작성한 사람이 있을지도 모른다. 사람들은 실수를 저지르기 마련이다. 따라서 불가피하게 어느 정도의 데이터 정리는 필요하다.

정리 과정의 또 다른 중요한 부분은, 특히 컴퓨터를 사용하여 데이터를 분석할 경우에 데이터가 모두 올바른 형식을 갖추었는지를 확인하는 일이다. 데이터 집합의 평균값을 찾기 위하여 엑셀 프로그램을 실행하려 할 때, 나이가 있어야 할 셀에 주소를 입력하듯 한 항목이 잘못된 셀이 있으면 결과가 부정확하거나 판독 불가능할 것이다. 데이터를 정리하는 과정은 매우 지루하겠지만, 타당한 분석 결과를 보장하기 위하여 대단히 중요하다.

이제 데이터가 정리되었으므로 분석하거나 '숫자를 돌릴run the numbers' 준비가 되었다. 여기가 재미있는 부분이다. 이 분석의 첫 단계를 통해서 질문에 대한 답을 엿볼 수 있다.

당신은 기술 통계를 사용하여 방금 수집한 데이터를 이해하는 데 도움이 되는 모든 숫자를 찾을 것이다. 이들 척도 중 어느 것이 의미 있는 정보를 줄지 아직 확신할 수 없으므로 가능한 대로 많은 척도를 살펴봐야 한다. 엑셀Excel과 구글 시트Google Sheets는 다양한 방식으로 데이터를 살펴볼 수 있는 공식을 갖췄으며, 데이터 분석을 위한 온갖 종류의 도구를 제공한다.

과정 4 ▶ 가설의 검증과 추론의 도출

이제 데이터가 요약되었으므로 숫자들을 살펴보고 이해할 수 있다. 숫자가 무엇을 말해 주는가? 당신이 기대했거나 희망했던 것을 말해 주지 않을 수도 있으므로 편견 없는 시각으로 숫자를 바라보도록 노력하라.

데이터를 살펴보면서 몇 가지 질문을 해야 한다.

- 데이터의 평균값, 중앙값, 최빈값은 무엇인가? 범위를 비롯한 변동성의 척도는 무엇인가? 이 중 하나가 다른 숫자보다 더 많은 것을 말해 주는가? 이 상황에서 오해의 소지가 있거나 유용하지 않은 숫자가 존재하는가?
- 특이치나 클러스터가 존재하는가? 그들은 어떤 의미이고 무

엇을 말해 주는가? 특이치가 데이터를 왜곡하는가? 클러스터를 더 명확하게 볼 수 있도록 특이치를 제거하고 숫자를 다시 돌려야 할까?

- 데이터가 가설을 뒷받침하는가? 아니면 무언가 다른 것을 말하고 있는가? 여러 척도 중에 통계적 유의성statistical significance이 있는 척도가 존재하는가, 아니면 모두가 너무 사소해서 실질적인 의미가 없는가?
- 데이터에 전혀 예상하지 못한 것이 존재하는가? 그렇다면 데이터를 적절하게 정리하고 올바른 공식을 사용했음이 확실한가? 그렇게 확신한다면, 왜 예상치 못한 것이 나타났을까?

과정 5 ▶ 결과의 적용

이 마지막 단계에서는 표본에서 얻은 결과를 적용하여 더 큰 모집단에 대한 추론과 결론을 도출할 수 있다. 표본 집단에 대한 연구에서 빨간 머리를 가진 사람들이 밀크초콜릿보다 다크초콜릿을 선호한다는 사실이 밝혀졌는가? 그렇다면 이전의 모든 단계가 정확하게 수행되었다고 가정할 때, 일반 모집단에서도 빨간 머리를 가진 사람들이 밀크초콜릿보다 다크초콜릿을 선호한다는 결론을 내릴 수 있다.

당신이 뉴스에서 어떤 연구 결과를 듣는다면, 아마도 이 단계에 관한 내용일 가능성이 크다. 보도되는 시점에서는 이미 연구가 완료되었고 연구를 수행한 사람들이 결론을 도출했다. 간단하게 들리지 않는가? 단순히 찾아낸 결과를 더 큰 규모로 적용하는 것이다. 그렇지만 연구의 결과는 잘못 해석하기가 쉽고, 오해의 소지가 있는 방식으로 결과를 제시하기는 더욱더 쉽다.

6장부터 8장에서는 데이터로 입증되지 않은 이야기를 전달하기 위하여, 시각적 표현을 통해서 어떻게 통계적 결과가 조작될 수 있는지를 자세히 살펴볼 것이다.

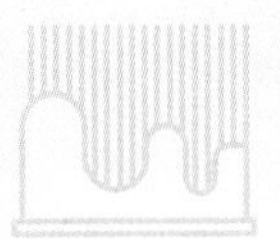

제 4 장

p값과 베이즈 정리

이 장의 제목을 보고 달아나고 싶을지도 모르지만 걱정하지 말라. 이들이 고급 통계 분석에서 사용되는 용어임은 사실이나, 우리는 이에 대한 기본적 이해가 일상생활에 어떻게 도움이 되는지를 살펴볼 것이다. p값과 베이즈 정리Bayes' Theorem의 이해는 당신이 접하게 되는 통계를 더 잘 해석하고 자신의 삶에서 행동 패턴을 알아차리기 위하여 더 분석적인 사고를 하는 데 도움이 될 것이다.

p값이나 베이즈 정리를 살펴보기 전에 먼저 이해해야 할 것은 확률이다. 걱정하지 말라. 중학교 수학 수업을 재탕하려는 것이 아니라 기초를 확실히 하는 짧은 확률 수업을 하려는 것이다.

확률은 어떤 일이 일어날 가능성의 정도다. 확률은 분수, 소수, 또는 백분율로 표시된다. 분수나 소수로 표시된 확률은 항상 0과 1

사이에 있다. 0은 어떤 일이 절대로 일어나지 않을 것을 의미하고, 1은 일어날 것이 확실함을 의미한다. 백분율로 표시된 확률은 0과 100 사이에 있고 100이 절대적인 확실성을 뜻한다.

어떤 일이 일어날 확률은 '바람직한 결과favorable outcomes', 즉 우리가 측정하고 있거나 얻기를 바라는 것의 수를 가능한 결과 전체의 수로 나누어 구할 수 있다. 측정되는 대상은 '사건event'이라 불린다. 예를 들어 동전을 던져서 앞면이 나오는 가능성을 살펴볼 때는 앞면이 나오는 것이 사건이다.

$$\frac{\text{바람직한 결과}}{\text{가능한 결과 전체}} = \text{사건이 일어날 확률}$$

앞면이 나오기를 바라는 동전 던지기의 경우에 바람직한 결과는 한 가지(동전을 던져서 앞면이 나오는 방법은 한 가지뿐이다)이고, 가능한 결과 전체는 두 가지(앞면이나 뒷면이 나오는 두 가지 결과를 얻을 수 있다)다. 따라서 앞면이 나올 확률은 2분의 1이고 0.5나 50%로 표현할 수도 있다.

간단히 말해서, p값은 어떤 일이 단지 무작위적인 우연이 아니라 이유가 있어서 일어날 가능성이 얼마나 되는지를 알려 준다. 당신이 '통계적 유의성이 있다statistically significant'는 표현을 들을 때는 언제나 p값의 분석을 듣는 것이다. p값의 계산에는 미적분과 귀무가설Null Hypothesis이라는 것이 포함되지만, 우리의 목적을 위해서는 p값이 통계적 유의성을 부여한다는 사실만 알면 충분하다. 다른 실험에서 동일한 결과가 나올 가능성을 p값이 알려 준다고 생각할 수도 있다.

예를 들어 화요일에 열 사람이 먹은 점심을 살펴보니 그중 80%가 참치였다면, 아마도 무작위한 우연의 결과일 것이다. 어쩌면 사람들이 화요일에 참치를 먹는 것을 좋아할지도 모르는 일이이기는 하다. 그러나 이런 경우에는 실제로 p값을 계산해 보지 않더라도 다음 화요일에 다시 살펴보면 동일한 결과가 나오지 않을 가능성이 크다는 것을 p값이 알려 주리라고 추측할 수 있다.

p값은 확률이므로 0과 1 사이의 숫자로 표현된다. '낮은' p값은 결과가 통계적으로 더 의미가 있음을, 높은 p값은 결과가 우연일 가능성이 있음을 의미한다. 서로 다른 분야와 학술지에는 종종 어느 정도의 p값이 통계적 유의성을 의미하는지에 대한 자체적 기준이 있다. 그렇지만 일반적으로 무언가에 통계적 유의성이 있다고 여겨지려면 p값이 0.5보다 작아야 한다.[17]

그렇다면 이것이 당신에게 무엇을 의미할까? 우선 통계적 연구에 관한 설명을 들을 때는 항상 통계적 유의성이나 p값을 찾아보도록 하라. 0에 가까운 아주 낮은 p값은 연구의 결과를 믿어도 무방하다는 것을 알려 준다. 반면, 오랫동안 기다려 온 연구 결과가 통계적으로 유의미하지 않다는 소식을 뉴스에서 들을 수도 있다. 이는 연구자들이 자신들의 결과에 어떤 중요한 의미가 있다고 확신하지 못함을 뜻한다.

당신은 또한 자신의 삶에서 스스럼없이 p값의 개념을 사용할 수 있다. 무언가에 인과 관계를 부여하기 전에, 그 일이 우연히 일어났을 가능성이 얼마나 되는지를 생각해 보라.

예를 들어, 당신이 지난 다섯 번 갈색 양말을 신었을 때마다 비가 왔다는 것을 알아차렸는가? 이것이 갈색 양말을 신으면 비를 부른다는 의미일까? 아니다. 갈색 양말을 신었을 때 비가 왔다는 사실은 무작위한 우연으로 설명 가능하다.

반면에 지난 다섯 번 브로콜리를 먹고 배가 아팠다면 무언가를 먹고 복통을 일으킬 가능성이 얼마나 되는지 자문하고 싶을지도 모른다. 평소에는 복통이 없다면, 즉 무작위한 우연으로 배가 아플 가능성이 낮다면 브로콜리를 먹고 복통이 생긴 것에 통계적 유의성이 존재할 수 있고 이제부터는 브로콜리를 피하고 싶을지도 모른다!

우리가 방금 살펴본 것은 빈도 확률frequentist probability이라 불린다. 특정한 일이 일어나는 빈도의 측정에 의존하기 때문이다. 가능성을 분석하는 또 다른 방법은 20세기 후반에 추진력을 얻은 베이즈 정리를 기반으로 한다.[18] 베이즈 정리는 다른 일이 이미 일어난 것을 '고려'할 때 어떤 일이 일어날 가능성에 대한 조건부 확률conditional probability을 측정하는 방법으로, 비즈니스 모델과 시장 분석에 자주 사용된다.[19] 일상생활의 의사 결정을 위해서도 베이즈 정리가 사용될 수 있다.

베이즈 정리가 활용되는 고전적인 예로 몬티 홀Monty Hall 문제가 있다. 그가 초대 진행자였던 〈거래를 합시다Let's Make a Deal〉라는 게임 쇼에 기초한 문제는 다음과 같다.

> 당신은 게임 쇼의 출연자다. 앞에는 문이 3개 있는데, 그중 하나의 문 뒤에는 새 차가 있고 다른 두 문 뒤에는 염소가 있다고 한다. 당신에게는 문을 선택할 두 번의 기회가 있다.
> 첫 번째 추측으로 한 문을 선택하면, 차가 어디에 있는지 아는 진행자가 다른 문을 열어 염소를 보여 준다.
> 두 번째 추측으로 당신은 원래의 선택을 고수하겠는가, 아니면 아직 닫혀 있는 다른 문으로 선택을 바꾸겠는가?

우리의 직관은 처음 선택을 고수하거나 다른 문으로 선택을 바꿀 때 차를 얻을 가능성이 동일할 것이라고 말해 준다. 3개의 문 뒤에 자동차가 있을 확률은 각각 3분의 1이 아닌가?

그러나 이제는 문을 하나 열어 염소를 보여 주는 진행자의 행동이 우리의 의사 결정에 영향을 미치게 된다. 이것이 조건부 확률의 예다. 한 사건이 발생했고(문 하나가 열렸다), 우리에게는 새로운 정보의 집합이 있다. 진행자가 열어 놓은 문 뒤에 차가 없다는 사실을 '고려'하면 우리가 선택한 문 뒤에 차가 있을 가능성은 얼마나 될까?

대부분의 사람이 믿지 않지만, 그러거나 말거나 처음의 선택을 닫혀 있는 다른 문으로 바꾸면 차를 얻을 가능성이 더 높아진다.

이 문제에 대한 분석은 1990년에 『퍼레이드Parade』지에 게재되어 엄청난 논란을 초래했다. 수학자 폴 에르되시Paul Erdos를 포함하여 수천 명의 사람이 잡지사에 편지를 보내서 제시된 해답(문을 바꾸면 승리할 확률이 높아진다는 것)이 정확하지 않다고 주장했다.[20]

컴퓨터를 이용해서 가장 쉽게 수행 가능한 베이즈 분석에 따르면, 추측을 다른 문으로 바꿀 때 자동차를 얻을 확률이 3분의 2인 것으로 나타난다. 직관적으로는 이해하기 어렵더라도 진행자와 우리의 행동이 결정에 반영되어야 한다. 다시 말해서, 다른 일이 이미 일어났다는 것을 고려하면 확률이 게임을 시작했을 때와 달라진다.

베이즈 정리의 공식이 일반인 대부분에게 너무 복잡하기 때문에 컴퓨터 시대가 오기까지는 베이즈 분석이 대중화되지 못했다. 일상생활에서 베이즈 정리의 기본적 원리를 사용하기 위해서는 공식을 알 필요도 없고, 심지어 정리에 대한 확실한 이해도 필요하지 않다. 실제로 당신은 이미 일어난 사건과 그것이 추후에 일어날 수 있는 사건에 대하여 무엇을 말해 주는지를 고려하면서, 베이즈 정리의 논리에 느슨하게 기초한 결정을 내리고 있을지도 모른다.

데이트 시나리오를 상상해 보자. 당신은 공통점이 많은 사람을 만나서 즉시 좋아하게 된다. 자신도 모르는 사이, 그 순간 '성공'을 어떻게 정의했든 당신의 무의식은 이 관계가 성공할 가능성이 얼마나 되는지를 계산하고 있다.

네 번째 데이트에서 그들은 자신에 관한 무언가를 드러낸다. 여기서 값비싼 와인 한 병을 주문한다고 가정하자. 이제 당신이 그들을 어떻게 생각하는지에 이 사건이 영향을 미친다. 무의식 속에서 당신은 값비싼 와인의 구입이 그들에 대한 당신의 이전 생각에 어떻게 반영되는지를 계산한다. 이제는 그들이 값비싼 와인을 구입했다는 사실을 '고려'하여 관계가 성공할 확률을 계산하는 것이다.

이 새로운 조건부 확률의 결과는 사람에 따라 그리고 상황에 따라 모두 다를 것이다. 어쩌면 과거에 값비싼 와인을 사는 사람들과의 좋지 않은 경험이 있어서, 경험적 요소가 방정식에 반영되고 관계가 성공할 가능성이 낮다고 생각할지도 모른다. 아니면 당신이 찬양하는 성격 특성과 와인의 구입을 연관 지어서 관계가 성공할 확률이 더 높아질 수도 있다. 이것은 수학적 모델은 아니지만, 새로운 정보가 사건이 발생할 가능성을 어떻게 변화시킬 수 있는지를 보여 준다.

모든 행동이나 사건이 특정한 결과가 나올 가능성을 변화시킨다는 것이 명백해 보일 수도 있지만, 베이즈 정리는 완전히 새로운 통계 분석 방법을 대표한다. 이런 방법은 투자 분야에서 특히 유용하다. 투자자들은 시장이 어떻게 행동할지를 예측하기 위하여 끊임없이 새로운 정보를 기존의 가설에 통합한다.[21] 보통 사람의 경우 베이즈 정리를 자신의 삶에 통합한다는 것은 새롭게 얻은 정보가 어떤 변화를 초래할지를 자문하고 수학적 또는 통계적으로 생각하려고 노력하는 것을 의미한다. 이에 대해서는 다음 장에서 살펴볼 것이다.

제 5 장

통계적 사고

이제 우리는 통계에 대하여 조금 이해하는 것이 왜 그렇게 중요한지 알게 되었다. 통계가 얼마나 중요한지 알면서도 인간은 여전히 자신이 믿고 싶은 것을 믿는 경향이 있다. 이 장에서는 왜 이런 일이 일어나는지를 자세히 설명하고 통계적으로 생각한다는 것이 무슨 의미인지를 정의한다. 그 과정에서, 인간 심리의 일반적인 함정을 피하고 대신 숫자가 말해 주는 진실을 찾도록 당신의 뇌를 훈련하는 데 통계적 사고가 도움이 될 것이다.

당신이 뉴스에서 본 일에 대하여 나이든 친척과 대화를 나눈 적이 있다면 아마도 한숨을 쉬면서 하는 다음과 같은 말을 들어 보았을 것이다.

"요즘 범죄가 너무 심해."

"대체 요즘 사람들은 뭐가 문제인지 모르겠어!"

길거리에서 설문 조사를 하면 대부분의 사람이 자신이 사는 지역에서 범죄가 증가했다고 말할 것이다. 그들은 뉴스 또는 가까운 마을이나 도시에 사는 친구에게서 들은 이야기를 인용할지도 모른다.

"내가 어렸을 때 보다 범죄가 훨씬 더 심각해."

"요즘 아이들은 옳고 그름을 몰라."

그러나 이런 인상은 거의 보편적으로 부정확하다. 통계적 연구는 1993년 이래로 미국에서 폭력 범죄가 감소해 왔음을 보여 준다.

[12세 이하 미국인 1,000명당 폭력 범죄 피해]

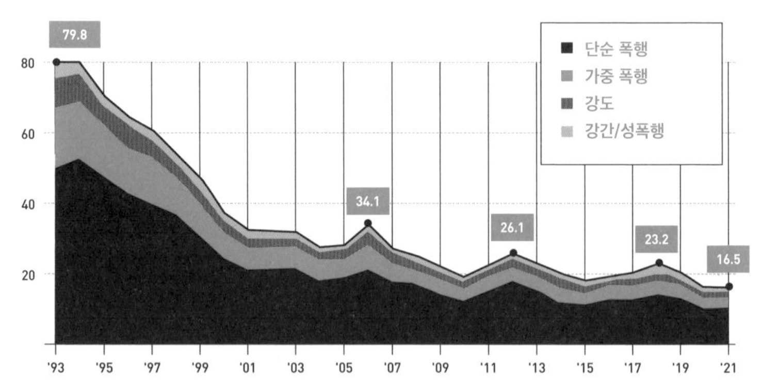

참고: 2006년 데이터는 다른 해와 비교할 수 없음.
출처: 미국 법무성 통계국(U.S. Bureau of Justice Statistics)

대부분 사람의 생각이 완전히 틀린 것이다. 다음은 퓨 리서치 센터 Pew Research Center의 조사 결과를 보여 주는 도표다.[22]

몇 차례의 소폭 증가에도 불구하고 폭력 범죄는 1993년 이후로 상당히 감소해 왔다. 그렇지만 사람들은 여전히 범죄가 더 심해지고 있다고 믿는다. 퓨 리서치 센터에 따르면 '1993년 이래로 실시된 갤럽 조사 26건 중 22건에서 미국 성인 10명 중 6명 이상이, 대부분 기간에 전국적으로 폭력 범죄율이 감소하는 일반적 추세에도 불구하고 전년도보다 전국적으로 범죄가 늘어났다고 말했다.'[23]

사람들이 사실이 아닌 것을 믿을 수 있는 데는 여러 가지 이유가 있다. 하나는 언론이다. 미국, 실제로 전 세계에서는 소셜 미디어와 일부 뉴스 매체에서 잘못된 정보가 폭발적으로 늘어났다. 그러나 더 단순한 이유는 사람들이 직감에 의존하는 경향이 있고, 직감이 종종 그들을 오도하기 때문이다.

심리학자들이 연구하는 효과 중 하나는, 자신이 믿는 것에 대한 예를 만들어 내는 일이 얼마나 쉬운지를 의미하는 '가용성 편향 availability heuristic'이다.[24]

대부분 사람은 자신이 듣거나 목격한 범죄의 예를 어렵지 않게 생각해 낼 수 있다. "지난번에 뉴스에서 이 끔찍한 사건을 봤어……."로 시작하여 "요즘 범죄가 너무 심해!"로 끝나는 나이든 친척의 이야기를 생각해 보라. 사례의 가용성은 우리에게 무언가가 사실임을 확신시켜 준다. 내가 범죄 발생의 소식을 듣는다면 나의 지역 사회에 범죄가 만연했다는 의미임이 틀림없다. 그러므로 범죄가 증가하고 있다!

그러나 이는 전혀 사실이 아니다. 우리는 직관에 의존하고 싶어 하지만, 직관이 종종 우리를 잘못된 결론으로 이끈다.

인간적 감정 또한 우리를 비논리적인 결론으로 이끌 가능성이 있다. 당신이나 당신의 지인 누군가가 비행을 두려워한다면, 감정이 우리를 얼마나 비합리적으로 행동하게 할 수 있는지 알 것이다.

아마 당신도 지금쯤은 사람이 비행기 사고로 사망할 가능성이 자동차 사고보다 훨씬 낮다는 사실을 알고 있을 것이다. 대부분 자료에 따르면 100만 번에 한 번 대 5천 번에 한 번이니까. 그렇지만, 어디를 가든 비행기를 타지 않고 자동차 운전을 기꺼이 선택하는 사람이 많다.

심리학자들은 이렇게 겉보기에 비논리적인 행동이 여러 가지 요인에 기인한다고 생각한다. 그런 요인 중에는 가용성 편향, 즉 자신이 믿는 것에 대한 예를 얼마나 쉽게 생각해 낼 수 있는지와 함께 통제력에 대한 인식이 있다. 예를 들면, 자신이 탑승할 비행기가 추락할 것이 확실하다는 생각 같은 것 말이다.

자동차를 운전할 때 우리는 자신에게 일어나는 일을 통제하고 있다고 느낀다. 사고의 가능성을 줄이기 위해 더 안전하게 운전하려고 노력할 수 있다. 그러나 비행의 결과에 대해서는 우리에게 아무런 통제력이 없다. 따라서 비행에 대하여 더 불안감을 느끼는 경향이 있고 덜 합리적으로 행동하게 된다.[25]

비행공포증이 있는 사람에게 어리석은 생각이니 그냥 비행기를 타야 한다고 설득을 시도해 본 적이 있다면, 쉽지 않은 일임을 알 것이다. 인간의 믿음과 감정은 매우 강력하다. 불안감, 믿음, 편향의 너머를 보고 사실을 믿는 데는 상당한 노력이 필요하다.

그렇다면 당신이 직관에 흔들리지 않고, 불안감이 의사 결정을 주도하지 않고, 감정을 이용하는 음모론에 휘말리지 않는다는 것을 어떻게 확인할 수 있을까?

통계 자료를 듣거나 도표를 볼 때는 언제나, 제시된 정보를 받아들이기 전에 스스로 몇 가지 질문을 던져 볼 수 있다. 이런 질문은 모두 수학적으로 답할 수도 있지만, 정보의 소비자로서의 당신이 얼마나 신뢰할 만하고 타당한 정보인지를 확인하는 다른 방법도 있다. 통계를 접할 때는 다음과 같은 질문을 염두에 두라.

질문 1 ▶ 데이터의 수집은 어떻게 이루어졌는가? 수집한 방법이 연구에서 파악하려는 내용과 일치했는가?

이는 연구의 타당성, 즉 측정해야 할 것을 측정했는지를 묻는 질문이다. 때로는 데이터 수집 방식, 표본 추출, 데이터의 해석 등 전체 과정의 어떤 단계에서의 엉성함이 잘못된 결과의 발표로 이어질 수 있다.

1장에 나왔던 왼손잡이 사망률에 관한 연구를 다시 생각해 보라. 이 연구의 저자들은 왼손잡이와 오른손잡이가 사망하는 평균 연령을 조사하고 있다고 생각했다. 하지만 그들이 표본을 식별하고(최근 사망자에 대한 조사) 설문 조사를 수행한 방식(친척들에게 고인이 오른손잡이였는지 왼손잡이였는지를 묻는) 때문에 연구 결과가 의도했던 정보를 알려 주지 않았다.

통계의 타당성에 관한 또 다른 논쟁에는 표준화된 시험에 관한 논쟁이 있다. 표준화된 시험이 지능이나 학업 성취도의 유효한 척도인지에 대하여 여러 해 동안 격렬한 논쟁이 이어졌고, 많은 사람이 편향된 시험 문제와 외부적 요인 때문에 특정한 시험의 결과가 타당하지 않다고 주장했다. SAT와 ACT는 가장 격렬한 논쟁을 불러일으키는 두 시험이다. 시험 준비와 개인 교사에 대한 접근성 같은 다양한 요소가 학생의 점수에 영향을 미칠 수 있으므로 미국 전역의 여러 대학에서는 SAT나 ACT 결과를 더 이상 요구하지 않는다.

SAT와 ACT가 외부적 요인으로 인해 불공정한 결과를 낳을 수 있는 것은 사실이지만, 여러 분석에 따르면 SAT 점수가 지능지수와 상관관계가 있고 대학에서의 성공을 예측하는 좋은 지표라는 사실이 밝혀졌다.[26] 이는 대학들이 반드시 이들 점수를 입학의 기준으로 삼아야 한다는 뜻은 아니다. 그렇지만 이러한 논쟁은, 특히 오랫동안 우리 문화에 뿌리를 내린 경우 시험의 타당성을 결정하는 것이 얼마나 어려운 일인지를 보여 준다.

질문 2 ▶ 연구 결과가 다른 연구에서 재현될 수 있을까?

이는 연구의 신뢰성 또는 테스트를 다시 수행하여 동일한 결과를 얻을 가능성이 얼마나 되는지를 묻는 질문이다.

〈스타워즈〉가 미국 전역의 일반 대중에게 얼마나 인기가 있는지 알아보고 싶다고 상상해 보자. 당신은 표본으로 선택된 사람들에게 〈스타워즈〉 시리즈를 좋아하는지 아닌지를 물어보기로 한다. 표본 조사로 얻은 대답은 압도적인 "예스!"다. 이를 응답자의 99%라고 하자. 그렇다면 미국인의 99%가 〈스타워즈〉를 좋아하는 것이 틀림없다는 의미가 아닐까?

그런데 당신이 선택한 표본이 자정에 개봉된 〈스타워즈〉 최신작을 관람한 후에 영화관을 떠나는 사람들로 구성되었음이 밝혀진다.

이들은 광팬이다. 대부분이 〈스타워즈〉를 사랑한다고 해도 무방하다.

당신이 수행한 연구로는 일반 대중의 99%가 〈스타워즈〉를 사랑하는지 아닌지를 알 수 없다. 선택된 표본이 일반 대중을 대표하지 않았으므로 연구 결과를 신뢰할 수 없는 것이다. 당신이 조사한 것은 일반 대중이 〈스타워즈〉를 사랑하는 비율이 아니라, 〈스타워즈〉 최신작을 보려고 한밤중에 영화관을 찾는 특정한 집단이 〈스타워즈〉를 사랑하는 비율이었다.

〈스타워즈〉 연구를 되풀이하면서 이번에는 커피숍을 떠나는 사람 중에서 표본을 선택한다면, 아마도 상당히 다른 결과를 얻어서 이전 연구에 신뢰성이 없었음이 드러날 것이다.

과학적 연구, 설문 조사 또는 시험은 모두 믿을 만하고 타당해야 한다. 그런 특성 중 하나라도 부족하면 결과를 신뢰할 수 없다.

질문 3 ▶ 데이터를 고려할 때, 도출된 결론이 논리적인가?

우리가 8장에서 통계 분석의 일반적인 함정을 살펴볼 때 이 질문을 더 깊이 검토할 것이다. 일방적인 통계는, 상관관계를 보여 줄 수 있으나 인과 관계는 보여 줄 수 없다는 점에서 오해의 소지가 있다. 다시 말해, 두 가지 대상이 우연히 연결된다고 해서 하나가 다른 하나를 유발한다는 의미는 아니다. 다음은 상관관계에 대한 재미있는 예다.

[메인주의 이혼율]

1인당 마가린 소비량과의 상관관계

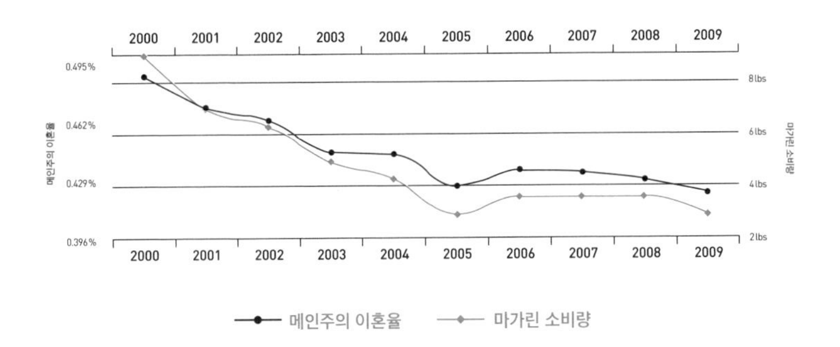

이 데이터를 바탕으로, 당신은 메인주의 이혼율이 마가린 섭취에 기인하거나 아니면 그 반대라고 믿게 될지도 모른다. 도표가 상관관계를 보여 주기는 하지만, 이 경우 결론에서 인과 관계를 끌어내는 것은 비논리적이다.[27] 이 도표의 다른 문제점은 잠시 후에 다루겠지만, 당신이 자문할 첫 번째 질문은 '결과가 이치에 맞는가'여야 한다.

질문 4 ▶ 데이터는 어떻게 제시되었고, 어떤 식으로든 오해를 부를 소지가 없는가?

이 질문은 그 자체로 9장 전체를 차지한다. 유감스럽게도 오해의 소지가 있는 통계가 발표되는 일이 언론에서 매우 흔하기 때문이다. 광고주, 정치인, 기타 당신에게 무언가를 설득하려는 사람들은 작은 차이를 과장해서 주장한다. 때로는 심지어 존재하지도 않는 차이점을 강조함으로써 자신의 주장을 펼치기도 한다.

2015년에 유타주의 제이슨 샤페츠Jason Chaffetz 하원의원은 의회 청문회에서 가족계획연맹Planned Parenthood 회장에게 질문하면서 다음 도표를 사용했다.[28]

이 도표는 2006년과 2013년 사이에 가족계획연맹이 제공한 낙태 건수가 급증하여 암 검진 및 예방 서비스 건수를 넘어섰다는 사실을 보여 주는 것처럼 보인다. 강력한 시각적 효과다.

그러나 도표를 조금 더 자세히 살펴보면 y축이 없다는 것을 알 수 있다. y축은 측정되는 대상의 척도를 제공한다. y축이 없다는 사실은

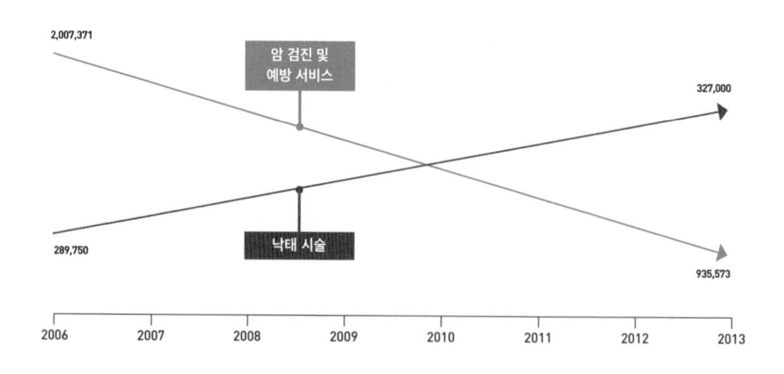

도표의 화살표 배치에 반드시 의미가 있어야 하는 것은 아님을, 즉 시각적 표현이 실제 숫자와 일치하지 않을 수도 있음을 말해 준다.

각 화살표 끝에 있는 숫자도 살펴보라. 파란색 화살표는 2013년에 935,573건의 암 검진 및 예방 서비스가 제공되었음을 말해 주고, 회색 화살표는 같은 해에 제공된 327,000건의 낙태를 보여 준다. 그렇다면 숫자는 같은 해에 낙태보다 거의 60만 건이 더 많은 암 검진 및 예방 서비스가 제공되었음을 보여 주는데, 왜 회색 화살표가 파란색 화살표보다 그렇게 높이 있을까?

이것은 무언가를 설득하려는 의도에서 나온, 오해의 소지가 있는 프레젠테이션의 예였다. 폴리티팩트Politifact(미국의 비영리 연구기관에서 운영하는 웹사이트–옮긴이)는 같은 데이터를 사용하여 새로운 도표를 그렸다. 이번에는 원점이 0으로 정의된 y축이 있고 데이터 점이 그래프 상에 정확하게 위치하는 도표였다.

그 기간에 실제로 암 검진 및 예방 서비스가 감소하고 낙태가 약간 증가하기는 했지만, 낙태 건수가 예방 서비스를 넘어서기는커녕 근처에도 가지 못했다. 폴리티팩트는 원본 도표에 대해, 마이애미 대학교에서 시각적 커뮤니케이션을 연구하는 교수 알베르토 카이로Alberto Cairo의 생각을 아래와 같이 보고했다.[29]

그 도표는 형편없는 거짓말이다.

[가족계획연맹의 서비스]

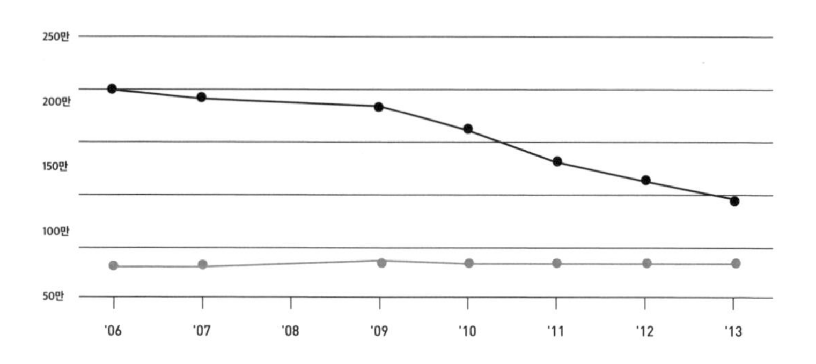

사람들이 이 문제를 어떻게 생각하는지와 관계없이, 이러한 왜곡은 윤리적으로 잘못된 일이다.

그래프에는 항상 제목과 함께 명확하게 정의된 척도가 있어야 한다. 2개의 축이 있는 좌표 평면의 그래프는 각 축에 이름이 붙어야 하고 척도의 일관성이 있어야, 즉 두 축의 척도가 동일할 필요는 없더라도 각 축의 척도는 일관되어야 한다.

메인주의 이혼율과 마가린 소비량 사이의 상관관계를 보여 주는 도표를 다시 살펴보자. y축에 두 가지 척도가 있음에 유의하라. 왼쪽은 이혼율이고 오른쪽은 마가린 소비량이다. 두 가지 척도는 각각의 양이 서로 다른 방법으로 측정되었음을 말해 준다.

이 도표에서 유일하게 사실인 것은 데이터의 모양, 즉 두 현상이 약간 상승한 곳과 하락한 곳이 대략 일치한다는 것이다. 이런 유형의 이중 제목 표시는 종종 존재하지도 않는 상관관계를 보여 주려는 시도를 나타내므로 주의해야 한다.

어떤 유형의 도표이든 제시된 모든 정보를 읽고 무엇을 말하는 도표인지를 파악할 수 있어야 한다. 935,575가 327,000보다 한참 아래에 있는 그래프처럼, 제시한 내용이 이상해 보인다면 당신이 보고 있는 도표가 데이터를 정확하고 공정하게 나타내는지 자문해 볼 필요가 있다.

제 6 장

실생활에 적용되는 통계

통계 분석은 당신이 알든 모르든 우리 주변 곳곳에 존재한다. 우리가 살아가면서 하는 거의 모든 일이 통계의 영향을 받는다. 통계는 단지 대규모의 데이터 집합을 이해하기 위하여 분석하는 것임을 기억하라. 몇 가지 예를 살펴보자.

정규직으로 일하는 직장이 있고 세 자녀를 둔 엄마를 상상해 보라. 아침에 일어나 점심 도시락을 준비하고, 아이들을 재촉하여 통학 버스에 태우고, 차를 몰아 직장으로 출근하고, 온종일 일하고, 점심은 책상에서 먹고, 퇴근길에 식품점에 잠깐 들르고, 차를 몰아 집으로 돌아오고, 저녁 식사를 준비하고, 아이들의 숙제와 목욕을 도와주고, 마침내 아이들을 재우는 것이 그녀의 일상이다.

엄마 대신에 아빠나 다른 돌보는 사람일 수 있고, 어쩌면 그들이 일을 분담할 수도 있다. 오후에는 배우자나 보모가 있어서 통학 버스에서 내리는 아이들을 챙기고, 숙제를 도와주고, 학교에서 돌아온 아이들은 항상 배가 고프므로 간식을 먹일 수도 있다. 어쨌든 엄마는 같은 일을 되풀이하기 전에 적어도 7시간은 잘 수 있기를 바라면서 침대에 쓰러진다.

숨겨진 통계가 하루 동안 엄마가 내리는 모든 결정을 좌우한다. 그녀는 몇 시에 알람을 설정해야 하는지 알고 있다. 같은 일을 여러 번 해 와서 자신과 아이들이 준비하는 데 얼마나 많은 시간이 필요한지를 알기 때문이다. 다시 말해서, 그녀에게는 각각의 일에 필요한 시간의 평균 또는 **평균값**의 개념이 있다. 그녀는 각 아이의 식사에서 단백질과 탄수화물의 적절한 균형을 생각하면서 점심 도시락을 싼다. 영양사, 의사, 심지어 정부 기관까지 방대한 데이터 집합의 분석에 기초한 지침을 제시하기 때문이다.

그런 다음에, 버스가 보통 7시 52분에 온다는 것을 아는 엄마는 아이들을 버스 정류장으로 데려간다. 버스 시간표는 버스에 태워야 하는 모든 아이의 주소뿐만 아니라 교통 패턴과 거리의 방향 등, 대규모의 여러 데이터 집합을 수집하고 정리하여 가장 효율적으로 버스를 운행하는 경로를 생성하는 방법으로 만들어졌다. 엄마는 이런 사실을 모를 가능성이 크지만, 버스 노선을 조정하는 사람은 분명히 알고 있다.

그녀는 일반적으로 역시 평균에 기초한 가장 빠른 출근길을 택하여 직장으로 가서 일과를 시작한다. 주 5일 동안 9시부터 5시까지의 전형적인 근무 시간이 존재하는 것은, 1926년에 기업계의 거물 헨리 포드Henry Ford가 역시 데이터에 기초하여 가장 생산성이 높은 근로자들에게 적합한 시간이라고 판단했기 때문이다.[30] 여전히 사실인지 아닌지는 논쟁거리지만, 우리 사회의 많은 것이 생산성 또는 사람들의 체력과 집중력이 떨어지기 전에 일할 수 있는 평균 시간을 중심으로 내린 결정에 달려 있다.

이제 요점이 이해될 것이다. 엄마의 하루에서 모든 일이, 몇 시에 일어날지부터 장을 볼 때 돈을 얼마나 쓸지를 결정하는 것까지 자신이나 다른 사람의 통계 분석에 따라 결정된다. 대부분 사람은 이런 계산이 존재하는지 또는 자신이 머릿속에서 그런 계산을 하고 있는지를 전혀 알지 못하지만, 그런 계산 없이는 우리가 사회의 구성원으로 기능할 수 없다. 현행 버스 시간표가 복잡하다고 생각된다면, 운전기사 마음대로 시간대와 경로를 선택하여 아무렇게나 오는 버스를 상상해 보라.

잠시 엄마의 하루를 다시 한번 살펴보자. 근로 시간을 9시부터 5시까지로 정한 헨리 포드의 결정은 프레더릭 윈즐로 테일러Frederick Winslow Taylor의 과학경영 이론을 포함하여 생산성에 대한 방대한 데이터에 기반을 둔 것이었다.

필라델피아 출신의 엔지니어이자 경영자였던 테일러는 과학적 조사의 원리가 공장 근로자와 관리자에게도 적용될 수 있다고 생각했다. 1911년에 출간된 그의 책 『과학적 경영 원리The Principles of Scientific Management』는 근로자를 과학적으로 관리하기 위한 이론을 제시했다.[31] 테일러는 '다른 어떤 것보다도 낫고 빠른 한 가지 방법 및 도구'를 찾기 위해 공장 근로자의 미세한 움직임과 타이밍을 연구할 것을 제안했다.[32] 그는 경영자들이 어떻게 하면 가장 효율적으로 작업이 이루어질지를 분석하기 위하여 대규모 집합 데이터를 사용해야 한다고 생각했다.

그의 과학 경영 이론은 오늘날 우리가 일하는 방식에도 여전히 영향을 미치고 있다. 근로자들이 작업 과정의 같은 단계를 반복적으로 수행하는 조립 라인이 존재하는 주된 이유는 테일러주의와 정확하게 반복되는 행동이 더 높은 생산성으로 이어진다는 믿음이다.

깨닫지도 못하는 사이에 통계 분석이 우리의 삶에 영향을 미치는 또 다른 방식은 우리가 매일 사용하는 것, 즉 옷과 관련이 있다. 평균이 옷의 크기를 결정한다.

옛날 옛적에는 모든 옷이 입을 사람을 위하여 수작업으로 만들어졌다. 그러나 결국 의류 제조가 집 밖으로 옮겨졌고, 의류 회사는 많은 사람에게 맞는 옷을 대량 생산하기 위한 대략적인 크기가 필요했다. 그러한 크기는 수많은 다양한 사람의 치수를 측정하고 평균을 내서 결정되었다.

이런 식의 '평균적인' 사람은 허구다. 한 사람의 모든 치수가 정확히 평균적인 값으로 측정될 가능성은 거의 없다. 잘 맞는 옷 사기가 그렇게 실망스러울 수 있는 것도 당연하다.

이렇게 인간에게 적용되는, 평균을 기반으로하는 발상을 좀 더 살펴보자. 믿거나 말거나, 벨기에의 수학자이자 천문학자인 아돌프 케틀레Adolphe Quetelet가 천문학자들을 위한 것이었던 알고리즘을 인간에게 적용하기 시작한 19세기 중반까지는 인간사를 설명하는 데 평균이 사용되지 않았다. 케틀레는 5,000명 이상의 스코틀랜드 병사의 가슴둘레를 측정한 데이터를 찾는 일부터 시작했다. 평균을 구하는 공식을 적용한 후에 케틀레는 '평균적' 스코틀랜드 병사의 가슴 치수가 101센티미터라고 결정했다.[33]

이러한 평균의 개념이 흥미로운 점은 가슴둘레가 101센티미터인 스코틀랜드 병사가 단 한 명도 없을 가능성도 있다는 것이다. 1장의 쿠키 예제를 통하여 더 간단하게 생각해 보자. 아이 네 명에게 각자 쿠키 1개가 있고 다섯 번째 아이에게 9개가 있다면, 각 아이가 가진 쿠키 수의 평균 또는 평균값은 3이다. 하지만 쿠키 3개를 가진 아이는 단 한 명도 없다. 더욱 명백한 다른 예를 들어 보자. 미국에서 2002년의 가족당 평균 자녀 수는 1.94명이었다. 그러나 실제로 1.94명의 자녀를 둔 사람은 아무도 없다.[34] 평균은 우리에게 약간의 정보를 주지만 상황을 이해하는 데 필요한 모든 정보를 제공하지는 않는다.

그러나 케틀레는 평균을 이상적인 정보로 생각했다. 그는 계속해서 결혼 이혼, 그리고 범죄율을 비롯한 온갖 종류의 인간 현상의 평균을 계산하여 사회적 패턴을 설명하는 데 사용했다. 에이브러햄 링컨은 케틀레의 발상을 사용하여 소형, 중형, 대형 병사의 '평균' 크기를 알아냄으로써 북군 병사에게 입힐 군복의 치수를 결정했다.[35] 다음번에 어떤 곳은 너무 크고, 다른 곳은 너무 작은 탓에 마음에 드는 스웨터가 몸에 꼭 맞지 않아서 짜증스러울 때는 케틀레와 링컨에게 감사하라!

평균(평균값)은 아마도 당신이 가장 많이 들어 본 중앙적 경향의 척도일 것이다. 그러나 중앙의 다른 척도, 중앙값과 최빈값 역시 중요한 정보를 제공할 수 있다. 세 가지를 모두 살펴볼 때 완전한 그림이 그려진다.

미국인의 소득 불평등은 뉴스, 정치를 비롯한 미국 생활의 다른 측면에서 자주 듣게 되는 주제다. 우리 대부분은 이 나라에서 가난한 사람과 부유한 사람 사이의 격차가 매우 크다는 것을 알고 있다. 『배너티 페어Vanity Fair』의 2011년 기사에서 경제학자 조지프 스티글리츠Joseph Stiglitz는 미국에서 소득 상위 1%의 사람들이 부wealth의 40%를 통제한다고 주장했다.[36] 이 기사는 '월가를 점령하라Occupy

Wall Street' 운동의 기반 중 하나가 되기도 했다.

중앙적 경향의 세 가지 척도는 미국의 소득 불평등에 대하여 무엇을 말해 줄까? 인구조사 데이터에 따르면 2021년 미국인의 평균 소득은 97,962달러였다. 상당히 괜찮게 들리지 않는가?

액면 그대로 보면 미국인 대부분이 이 정도의 돈을 벌고 있다고 여길 수 있지만, 사실과는 거리가 먼 생각이다. 가장 자주 보고되는 중위 소득은 69,717달러였다.[37] 최빈값은 계산되지 않는 것이 보통이지만 그보다도 낮을 것으로 생각된다.[38] 중앙값이 데이터를 순서대로 배열할 때 중앙에 위치하는 숫자, 즉 중앙 점이라는 것을 기억하라. 따라서 이 나라 인구의 약 50%는 69,717달러 이상을 벌고, 나머지 50%는 그보다 적게 번다.

최빈값은 데이터의 집합에서 가장 자주 나타나는, 즉 당신이 마주칠 가능성이 가장 큰 숫자다. 대부분 도시나 마을에서 길거리를 걸으면서 사람들에게 소득이 얼마나 되는지 묻는다면 69,717달러보다 적은 어떤 숫자를 더 자주 듣게 될 것이다. 여러 가지 방식으로, 사람들은 '평균적'이거나 전형적인 미국인을 생각할 때 최빈값을 생각한다.

평균 소득이 중위 소득과 최빈값보다 훨씬 높다는 사실은 상위 계층에 부의 집중이 존재한다는 것을 말해 준다. 우리가 이미 알고 있는 사실이다. 최상위 소득자들이 데이터를 왜곡하여 평균값에 오해의 소지가 생긴다.

쿠키의 예를 다시 생각해 보라. 한 아이가 쿠키 대부분을 가지고 있고 다른 아이들에게는 거의 없으므로 3이라는 쿠키의 평균값에 오해의 소지가 있다. 데이터의 집합이 왜곡되거나 특이치, 즉 9개의 쿠키를 가진 아이처럼 높거나 낮은 쪽 말단의 극단적인 값이 있을 때는 언제나 데이터를 더 정확하게 해석하기 위하여 중앙에 대한 세 가지 척도 모두를 고려해야 한다.

지금까지 우리는 실생활에 적용되는 기술 통계의 예를 살펴보았다. 이제 추측 통계의 몇 가지 예를 살펴보자.

추측 통계에는 모집단에 대한 추론을 위하여 대규모 모집단에서 추출된 표본을 연구하는 작업이 포함된다는 것을 기억하라. 1장에서 설명한 왼손잡이 대 오른손잡이의 연구가 잘못 수행된 추측 통계 연구의 한 예였다.

전국 유권자의 몇 퍼센트가 특정 후보에게 투표할 것인지, 또는 연말까지 얼마나 많은 사람이 코로나 19에 감염될 것인지 등. 당신이 어떤 집단의 사람들에 대한 예측을 들을 때는 언제나 표본 집단에서 수집되고 전체 모집단의 패턴을 예측하는 데 사용된 정보를 들을 가능성이 크다.

모집단에 대한 추론은 대표적 표본에서 데이터를 얻고 일반 모집단에 비례적 사고를 적용하는 방법으로 이루어진다. 예를 들어 편향 없이 무작위하게 추출된 표본이 조사 대상자 열 사람 중 한 사람이 귀를 움직일 수 있다는 것을 보여 준다면, 인구가 약 3억 3,000만 명인 미국에서 약 3,300만 명이 귀를 움직일 수 있다고 예측 가능할 것이다. 귀를 움직일 수 있는 사람과 움직일 수 없는 사람의 동일한 비율 또는 분수나 퍼센트, 즉 열 명 중 한 명 또는 1/10이나 10%가 표본 집단과 마찬가지로 일반 모집단에 존재해야 한다.

정치 전문가들은 추측 통계를 사용하여 다가오는 선거에서 누가 승리할지를 예측한다. 언젠가 당신도 누구에게 투표할 것인지 묻는 전화를 받아 보았을 것이다.

요즘에는 대부분 여론 조사가 온라인으로 이루어지고, 사람들에 대한 다양한 데이터를 사용하는 알고리즘이 예측을 수행한다. 여론 조사 기관들은 더 큰 모집단의 생각을 반영한다고 생각되는 작은 하위 집단, 즉 사람들의 대표적 표본을 식별해야 한다.

그들은 표본 집단에 대한 조사 결과를 더 큰 모집단에 비례적으로 적용한다. 이것이 불과 수천 명을 대상으로 여론 조사를 하고도 '전국 유권자의 56%가 이 후보에게 투표할 것'이라고 예측할 수 있는 이유다.

얼마나 많은 사람이 특정한 TV 쇼를 시청하는지에 관한 통계를 듣고 누군가가 당신이 무엇을 보고 있는지를 어떻게 아는지 궁금해

한 적이 있는가? 이러한 통계를 발표하는 닐슨Nielsen 연구 그룹은 수천 가구로 구성된 패널panel을 신중하게 선택한다. 그들은 표본 집단의 시청 습관으로부터 미국에서 TV를 보유한 거의 1억 2,100만 가구의 시청 습관을 추정한다.[39]

그러나 이런 프로세스가 항상 작동하는 것은 아니다. 왼손잡이 연구에서와 마찬가지로, 때로는 연구 결과에 영향을 미칠 수 있는 숨겨진 요소가 작용한다. 숨겨진 편향이 있거나, 방법론에 결함이 있거나, 아니면 선택된 표본이 일부 요소를 고려하지 못했을지도 모른다. 2016년 대통령 선거에서 이런 일이 대규모로 일어났다.

선거일을 앞둔 며칠 동안, 뉴스 매체들은 선거의 판세가 민주당의 힐러리 클린턴 후보에게 결정적으로 유리하다고 보도했다. 일부 소식통은 심지어 그녀가 승리할 확률이 99%라고까지 말했다.[40] 이런 예측이 표본과 데이터에 기초했음을 아는 민주당원들은 승리를 확신했다.

그러나 선거 당일, 대중 투표는 클린턴에게 기울어진 반면 선거인단은 공화당의 도널드 트럼프 후보에게 돌아갔다. 여론 조사 기관들은 충격에 빠졌다. 어떻게 이걸 놓쳤을까? 프린스턴 대학교의 통계학 교수 샘 왕Sam Wang은 지나친 자신감의 결과로 CNN에서 살아 있는 귀뚜라미를 먹게 되었다.[41]

통계학자들은 2016년 선거에 대한 예측이 어떻게 그토록 빗나갔는지를 설명하려고 노력했다. 거기에 명확한 답은 없지만, 몇 가지 가능성 있는 요인들이 존재한다.

일부 사람들은 트럼프에게 투표한 사람 중 여론 조사에 응답하지 않은 비율이 더 높아서 표본에 숨겨진 편향으로 이어졌다고 의심한다. 또 다른 가능성은 여론 조사에 참여한 사람들과 다른 사람들이 투표장에 나타났다는 것, 즉 표본의 또 다른 오류이다.[42]

다시 말해, 이 사례가 보여 주는 것은 대규모 모집단에 적용된 통계가 '무언가'를 알려 주기는 하지만 모든 것을 알려 주지는 않는다는 사실이다. 그리고 표본에서 얻은 추론을 기반으로 전체 모집단에 대하여 정확한 예측을 하는 일이 얼마나 어려운지도 보여 준다.

추측 통계는 절대적인 것이 아니라 '추측'에 관한 통계다. 국가, 세계, 모든 유권자 등의 전체 모집단을 조사하기가 너무 어려우므로 소규모 표본으로부터 데이터가 수집된다. '일정 인원을 대상으로 한 소규모 연구에서…….' 또는 '여론 조사 결과를 바탕으로 예측했을 때…….' 같은 문구를 잘 들어 보라. 물어봐야 할 것은 표본이 어떻게 추출되었는지와 다른 시간 및 장소에서 또는 더 큰 규모로 동일한 결과를 얻도록 연구가 재현 가능한지다. 왼손잡이 연구에서 보았듯이, 숨겨진 편향은 최고의 과학자들까지 속일 수 있을 정도로 교활하다.

제 7 장

시각적 표현:
이미지를 통해 이야기하기

다음 도표를 살펴보라.[43]

[마이애미, 미니애폴리스, 애틀랜타, 포틀랜드의 버스 이용률]

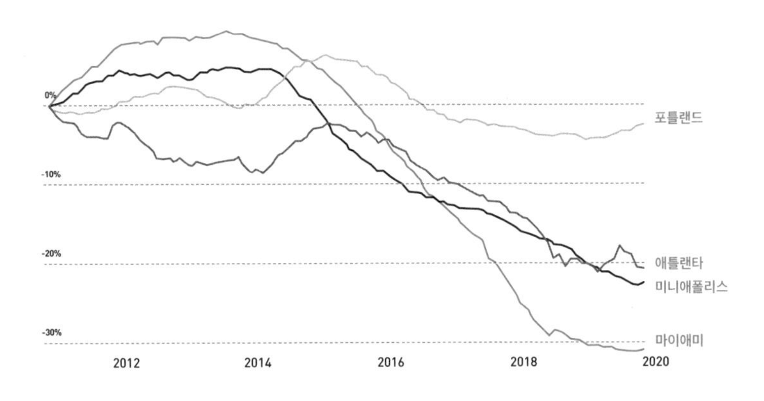

도표가 무엇을 보여 준다고 생각하는가? 우리에게 무엇을 말하려는 것일까? 모든 도표는 이야기를 전달하고, 정말 좋은 도표는 그

이야기를 이해하기 쉽고 흥미롭게 만든다.

태블로Tableau의 회장 겸 CEO 마크 넬슨Mark Nelson에 따르면, "데이터 스토리텔링data storytelling은 데이터를 원하는 통찰로 증류하고 그 통찰을 이야기로 제시하는 능력이다."[44] 이 장에서는 시각적으로 제시된 데이터가 말해 주는 이야기를 읽는 방법을 배울 것이다.

위의 도표에서 우리는 2010년경과 2020년 사이에 주요 4개 도시의 버스 이용률을 볼 수 있다. x축의 시작 부분에 표시가 없음에 유의하라. 도표에서 각 도시를 나타내는 선은 조금씩 증가하거나 감소하지만, 전체 기간으로 보면 모두가 감소한다. 포틀랜드를 제외한 세 도시의 버스 이용률은 모두 2014년이나 2015년경부터 급격히 감소하기 시작했다.

그렇다면 이 도표가 하려는 이야기는 무엇일까? 네 도시의 버스 이용률이 2010년 이후에 전반적으로 감소했다는 것이다.

데이터는 그래프graphs, 차트charts, 인포그래픽infographics에 이르기까지 다양한 방식으로 표시될 수 있다. 각각의 방식은 데이터의 서로 다른 측면을 강조하고 보는 사람에게 서로 다른 영향을 미친다. 데이터의 유형과 도출되는 결론은 과학자들이 어떤 표현 방식을 사용할지를 결정하는 데 도움이 된다. 실제로 잘못된 유형의 표현은, 우연이든 의도적이든 보는 사람이 데이터로 뒷받침되지 않는 결론을 도출하도록 한다.

이 장에서 우리는 가장 인기 있는 유형의 시각적 표현visual displays과 그것을 볼 때 스스로 던져야 할 질문이 무엇인지를 자세히 살펴볼 것이다. 시각적으로 표현된 데이터를 이해하려면 제공된 모든 정보를 살펴보아야 한다. 디스플레이display를 당신이 풀고자 하는 퍼즐이라 생각하고 스스로 다음 질문을 해 보라.

- 도표의 제목은 무엇인가?
- 축이 있다면, 각 축은 무엇을 나타내고 축척은 어떻게 되는가?
- 데이터 점 하나를 선택하고 그것이 무엇을 나타내는지 알아낼 수 있는가?
- 데이터의 형태는 무엇인가? 특정한 상관관계나 추세를 보여 주는가?
- 그래프나 디스플레이에 추가적 정보가 있는가? 있다면 그것이 무엇을 말해 주는가?
- 이 그래프나 디스플레이는 무슨 이야기를 전달하는가?

선그래프

선그래프scatter plots는 좌표 평면에서 가장 간단한 유형의 그래프로 종종 시간의 경과에 따른 변화 또는 하나가 다른 하나에 의존하는 두 변수 사이의 관계를 보여 준다. 선그래프에는 x축(수평축)과 y축(수직축)이 있어야 하고, 각 축에 제목과 라벨label이 있어야 한다. 축이 측정되는 단위에도 유의하라. 이는 그래프가 어떤 측정값 사이의 관계를 보여 주는지를 알려 준다. 각 축의 축척은 뚜렷한 간격이나 도약 없이 명확하고 비례적이어야 한다.

다음 도표를 살펴보라.[45] 제목과 축의 라벨을 읽어서 도표가 보여 주는 데이터의 감을 잡는 것으로 시작하라.

[전후 초기 수십 년 동안 널리 분배되었으나 그 이후로는 그러지 못한 소득 증가]

1947년과 2018년 사이의 실질 가구 소득 (1973년 수준 대비 백분율)

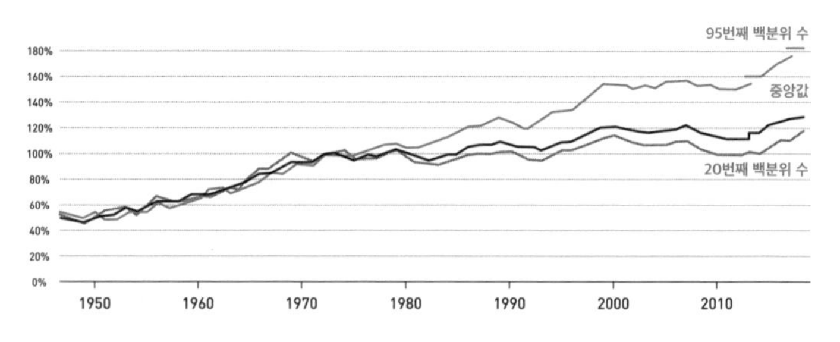

주: 그래프 선이 끊긴 곳은 재설계된 설문지(2013)와 업데이트된 데이터 처리 시스템의 구현(2017)을 나타낸다.
출처: 미국 인구조사국 데이터에 기초한 CBPP(예산 및 정책 우선순위 센터) 계산

좌표축의 축척과 단위에 주목하라. y축은 0에서 시작하고 20% 단위로 증가율이 표시된다. x축은 1947년부터 2018년까지 1년 단위로 (10년마다 라벨 표시) 시간을 나타낸다.

이제 서로 다른 3개의 선을 살펴보라. 도표의 제목과 아울러 선에 붙어 있는 라벨을 보면 95번째 백분위 수 소득에 해당하는 사람

의 '실질 가구 소득'이 20번째 백분위 수에 해당하는 사람보다 빠르게 성장했음을 추론 가능하다. 각 선의 모양을 보면, 중위 소득이 20번째 백분위 수 소득과 대체로 평행한 것을 볼 수 있다. 이는 두 가지 소득이 거의 같은 비율로 증가하고 감소했음을 말해 준다.

그러나 95번째 백분위 수 소득은 1980년경부터 1990년까지와 다시 1990년대 후반에 훨씬 더 가파르게 증가했다. 그렇다면 이 도표가 우리에게 전달하려는 이야기는 무엇일까?

도표가 말해 주는 대략적인 개요는 1980년부터 2018년까지 고소득자의 소득이 저소득자보다 훨씬 더 많이 증가했다는 것이다. 이 경우도 그렇듯이, 이야기는 종종 도표의 제목이나 도표가 포함된 기사의 제목으로 요약된다.

산포도

산포도scatter plots는 불연속적인 데이터 점의 집합이 있고 그들 사이의 연관성을 보여 주려고 할 때 사용된다. 그래프의 각 점은 이변량bivariate 데이터 또는 두 가지 입력이 있는 데이터를 나타낸다.

예를 들어, 다음 산포도는 평균적인 미국인이 '건강하다'고 생각하는 식품과 영양학자들이 건강하다고 생각하는 식품 사이의 연관성을 보여 준다.[46] x축으로 측정되는 입력은 미국인들이 건강하다고 여기는 식품이고, y축의 입력은 영양학자들이 건강하다고 여기는 식품이다.

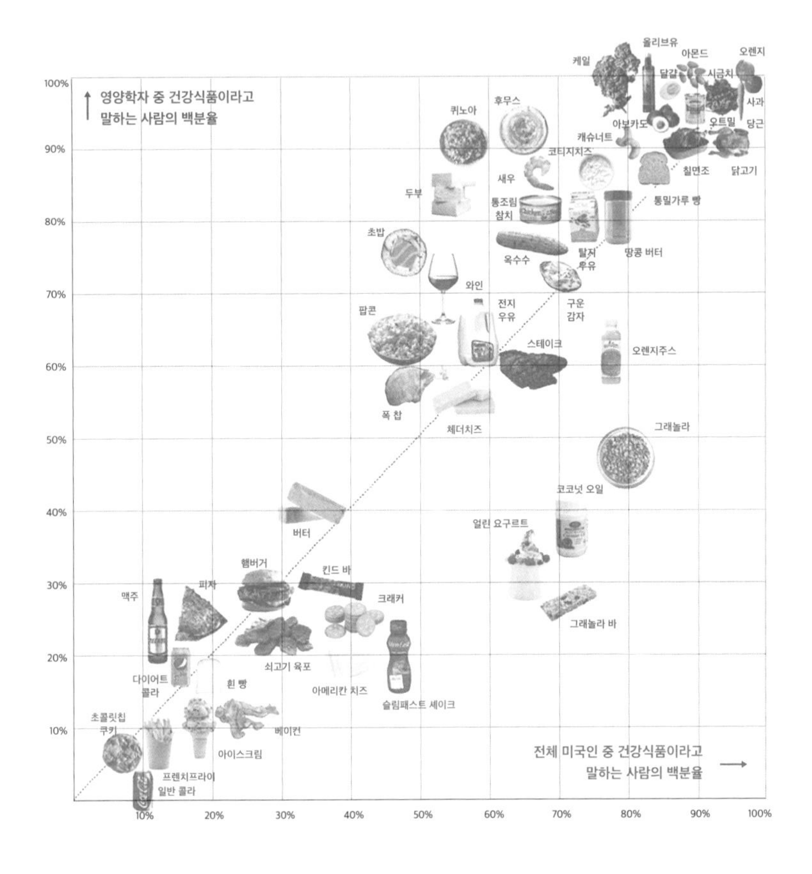

도표의 각 점, 이 경우에는 식품의 사진으로 표시된 지점은 데이터 점이나 측정치를 나타낸다. 예를 들어 체더치즈를 살펴보라. 체더치즈의 좌표를 바탕으로, 평균적 미국인의 약 55%(x축)와 영양학자의 약 55%가 건강한 식품이라고 생각한다는 사실을 알 수 있다.

체더치즈를 가로지르는 대각선이 있다는 점에 주목하라. 그 대각선은 기울기가 1인 y=x의 그래프이고, 일대일 상관관계가 존재함을 의미한다. 다시 말해서, 대각선상에 있는 식품은 일반 미국인과 영양학자들이 건강하다고 여기는 비율이 같은 식품이다.

칠면조와 시금치가 대단히 건강한 식품이고 초콜릿칩 쿠키는 그렇지 않다는 데는 우리 모두의 의견이 일치하는 것으로 보인다. 대각선 아래에 있는 식품은 영양학자보다 더 높은 비율의 일반인이 건강하다고 생각하고, 대각선 위에 있는 식품은 일반인보다 더 높은 비율의 영양학자가 건강하다고 생각한다.

산포도는 강한 양의 상관관계, 강한 음의 상관관계, 상관관계가 없음과 그 사이의 모든 것을 보여 준다. 연관성은 위의 도표처럼 선형linear일 수도 있고 지수형exponential, 2차형quadratic, 반대형inverse, 아니면 또 다른 모양일 수도 있다. 강한 상관관계가 존재하는 경우에는 방정식으로 데이터를 모델링할 수 있고, 아직 수집되지 않은 데이터에 대한 예측이 더 쉽다. 산포도는 또한 데이터에서 클러스터와 특이치도 보여 준다.

앞의 식품 도표를 다시 살펴보라. 하나는 왼쪽 아래에, 다른 하나는 오른쪽 위에 있는 2개의 이미지 클러스터를 볼 수 있다. 이들은 우리 대부분이 건강하지 않다거나 건강하다는 데 동의하는 식품이다. 그러나 클러스터에 포함되지 않고 대각선 가까이 있지도 않은 그래놀라, 그래놀라 바, 오렌지주스 그리고 몇 가지 다른 식품에 주목하라. 이들은 나머지 데이터와 떨어져 있는 특이치다. 도표상의 위치(x축에서 더 오른쪽이고 y축에서 더 낮다)에 근거하여, 이들 식품이 건강하다고 생각하는 평균적 미국인의 비율이 영양학자보다 더 높다는 것을 알 수 있다.

막대그래프와 히스토그램

항상 그런 것은 아니지만, 막대그래프bar graphs는 대개 x축을 따라서 나란히 줄지어 서 있는 보기 쉬운 막대로 범주형 데이터를 보여준다. 막대그래프에도 제목과 2개의 축이 존재하며, 각 막대 안에 다양한 데이터 범주를 표시할 수 있다. 여러 국가의 기술 유형별 예산을 보여 주는 다음 도표를 살펴보라.[47]

도표에 많은 내용이 포함되어 있으므로 결론을 도출하기 전에 시간을 들여서 꼼꼼하게 살펴봐야 한다. 이 도표는 '중첩stacked' 막대그래프다. 각 막대 안에 하나 이상의 범주가 있다는, 즉 범주가 중첩된다는 뜻이다. 각 막대의 중첩이 무엇을 나타내는지를 말해 주는 하단의 키key를 확인하라. 또한 x축이 한 국가의 2018년도 및 2019년도 예산을 보여 주는 5개 부분으로 나뉘어 있는 것에도 유의하라. 이 도표는 우리에게 국가 간 비교와 아울러 각국의 연도 간 비교를 요구한다.

그래프의 배치 방식과 라벨의 의미를 이해한 후에는 도표에 표

[일부 IEA(국제 에너지 기구) 국가와 유럽 연합의 2018년도 및 2019년도 기술별 예산]

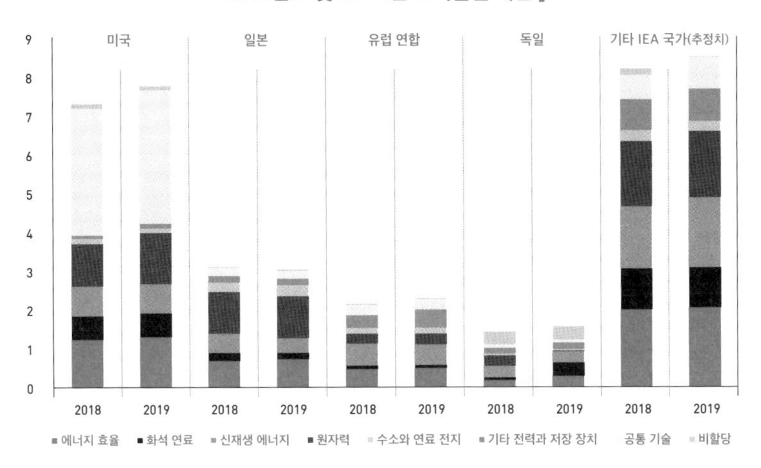

시된 내용에 대하여 무엇을 알아냈는지 자문해 보라. 미국의 공통 기술(위에서 아래로 두 번째 회색) 비율이 다른 나라들보다 훨씬 높다는 것을 알 수 있을 것이다. 이는 미국이 도표에 있는 다른 국가들보다 '공통cross-cutting' 기술에 더 높은 비율의 예산을 투입함을 뜻한다. 그리고 독일의 막대가 두 해 모두 다른 국가들보다 낮다는 것도 알 수 있을 것이다. 이는 독일이 도표에 언급된 모든 기술에 대하여 훨씬 적은 돈을 투자했음을 의미한다.

히스토그램histogram은 막대그래프와 비슷하지만, 데이터를 더 잘 이해하기 위하여 범위 또는 '빈bin'으로 데이터를 그룹화한다. 2021년

의 주행 거리에 따른 중고차 매매 현황을 보여 주는 다음 도표를 살펴보라.[48]

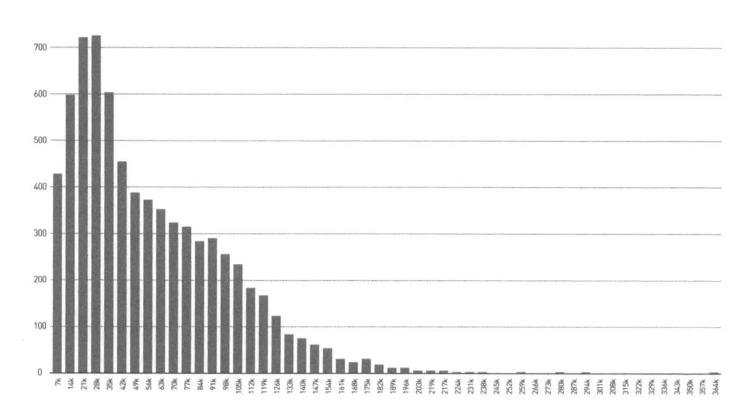

우리는 중고차 대부분이 매매되는 시점에서 주행 거리가 위에 표시된 마일 수와 정확하게 일치하지 않으리라는 것을 알고 있다. x축을 따라 있는 라벨(빈)은 이해를 돕기 위하여 그룹화된 데이터를 보여 준다. 판매된 중고차 중에 주행 거리가 약 14,000~35,000마일(약 22,500~56,300킬로미터)인 차의 비율이 가장 높다는 사실이 보일 것이다. 주행 거리의 '비닝binning'을 통하여 우리는 데이터를 더 잘 이해하고 데이터의 분포를 더 명확하게 볼 수 있다.

히스토그램은 데이터의 모양을 살피는 데 유용하다. 위 도표의 데이터가 왼쪽에 모여 있고 자동차의 주행 거리가 큰 오른쪽으로 가면서 점점 줄어드는 것에 주목하라. 우리는 이 데이터가 오른쪽으로 편향되었다고skewed 말한다. 다소 직관에 반하지만, 그래프의 낮은 쪽 또는 왼쪽에 더 많은 데이터 점이 있다는 뜻이다.

이는 중고차를 생각할 때 이치에 맞는다. 사람들 대부분은 이미 많은 주행 거리가 쌓인 중고차를 사고 싶어 하지 않는다. 이 데이터를 판매된 중고차의 연식에 관한 왼쪽으로 편향된 데이터와 비교해 보라.

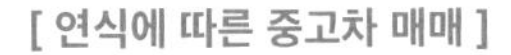
[연식에 따른 중고차 매매]

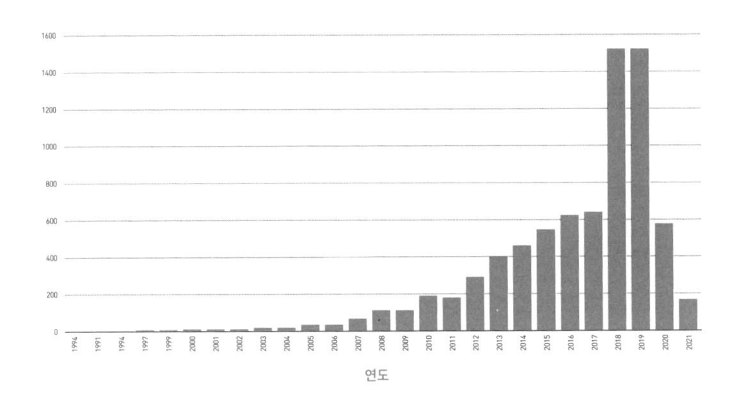

다시 한번, 이 도표는 상식에 근거하여 이치에 맞는다. 사람들 대부분은 연식이 오래되지 않은 중고차를 사고 싶어 한다.

원그래프

파이 차트pie chart라고도 알려진 원그래프circle graphs는 다양한 범주를 비교하는 데 적합하다. 전체 원은 조사 대상 모집단의 100%를 나타내고, 원 안의 각 조각slice은 해당 범주의 응답으로 구성되는 백분율이다. 가장 큰 조각은 비율이 가장 높은 범주를 나타내고, 가장 작은 조각은 비율이 가장 낮은 범주를 나타낸다. 예를 들어, 2012년에 미국인들이 어떤 치즈를 먹었는지 살펴보자.[49]

[미국인 1인당 치즈 소비량]

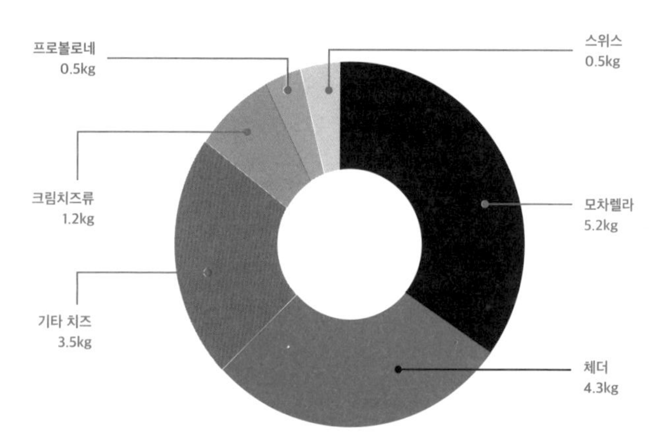

기타 치즈에는 콜비, 몬테레이 잭, 로마노, 파르메산, 블루, 고르곤졸라, 리코타, 브릭, 뮌스터 등 다양한 치즈가 포함된다.
출처: 미국 농무부(USDA), 경제 연구청, 식품 가용성 데이터

진한 청색이 원의 가장 큰 조각을 차지함을 알 수 있다. 이는 미국인이 2012년에 다른 어느 종류보다도 모차렐라 치즈를 많이 먹었

음을 뜻한다. 미국인들이 얼마나 많은 피자를 소비하는지를 생각하면 이해가 간다.

원그래프는 조사 대상이 무엇이든 각각의 점유율을 모두 더하면 전체whole 또는 100%가 될 때 가장 적합하다. 당신이 학급에서 학생 20명을 가르치는 교사라고 가정하자. 당신은 학생들이 가장 좋아하는 스포츠가 무엇인지를 조사하여 다음의 결과를 얻는다.

- 5명: 농구
- 4명: 야구
- 8명: 축구
- 3명: 미정

우리는 이 결과를 학급에 대한 백분율로 다시 쓸 수 있다.

- 25% (5/20): 농구
- 20% (4/20): 야구
- 40% (8/20): 축구
- 15% (3/20): 미정

학급의 모든 학생으로부터 답변을 얻었으므로 결과를 모두 합하면 100%가 되어야 한다. 원그래프를 만들면서 전체 원의 20%를 정확히 어떻게 표시할지를 잘 모르겠다면, 고등학교에서 배운 기하를 떠올려 보라. 원의 각도가 360도이므로 비율을 설정하여 각 백분율 또는 분수가 몇 도가 되어야 하는지를 알 수 있다.

$$\frac{20}{100} = \frac{?}{360^\circ}$$

비례식을 풀면 360도의 20%가 72도임을 알 수 있으므로, '야구' 부분이 전체 원에서 72도를 차지하게 될 것이다. 대부분의 디지털 도구가 당신을 위하여 이 단계를 수행할 것이다. 이제 원그래프를 그릴 수 있다.

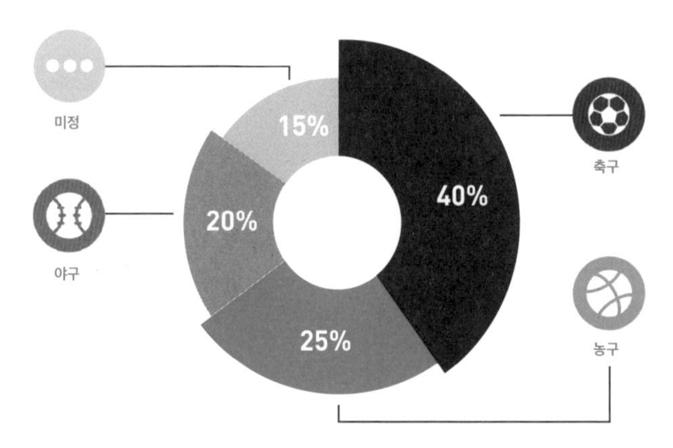

9장에서 우리는 데이터를 조작하기 위하여 원그래프가 어떻게 오용될 수 있는지를 살펴볼 것이다.

그 밖의 시각적 표현

당신이 접하게 될 가장 일반적인 시각적 표현은 선그래프, 산포도, 막대그래프, 히스토그램, 원그래프겠지만 다른 여러 유형의 디스플레이도 강력한 메시지를 보낼 수 있다. 예를 들어, 히트맵heat map은 조사 대상의 상대적 빈도를 보여 준다. '말 그대로 미국의 모든 염소'를 보여 주는 『워싱턴 포스트』의 히트맵을 예로 들어 보자.

[말 그대로 미국의 모든 염소]

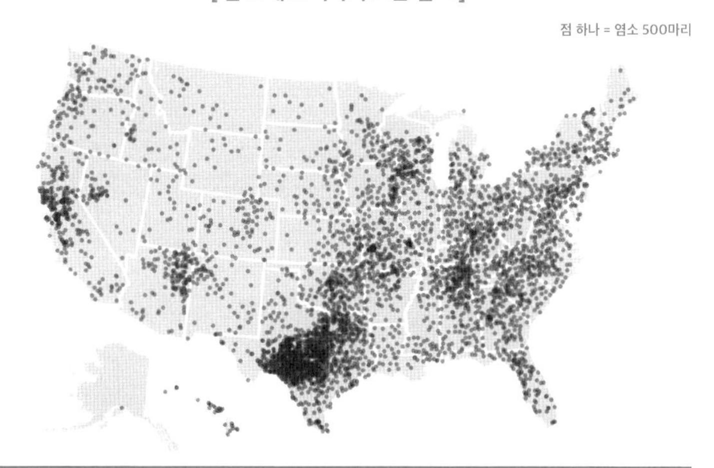

WASHINGTONPOST.COM/WONKBLOG | 출처: 미국 농무부 농업 인구조사

어두운 지역은 더 많은 점이 모여 있는 곳으로, 더 많은 염소가 살고 있음을 의미한다. 텍사스가 염소의 개체 수 측면에서 나머지 주들을 압도한다.

히트맵과 다른 그래프들보다 더욱 흥미로운 것은 지난 10년 동안 수많은 온라인 뉴스 매체들이 만들어 낸 시각적 디스플레이의 유형이다. 이러한 그래픽은 다수가 온라인에 존재하고 반응형이므로, 사용자의 더 깊이 있는 탐색을 가능하게 해 준다. 그중 일부는 스크롤scroll하면서 점점 더 많은 정보를 얻을 수 있는 스마트폰에 최적화되어 있다. 기술은 완전히 새로운 데이터 디스플레이의 세계를 열었고, 탐색할 데이터에는 부족함이 없다.

제 8 장

통계의 잘못된 해석: 다섯 가지 일반적인 함정

지난 장에서 배웠듯이 잘못된 통계를 얻기는 어렵지 않다. '올바른' 통계를 얻는 것은 정말로 어려운 일이기 때문에 데이터를 분류하고 정리하는 데 숙련된 전문가가 있다. 그리고 숙련된 전문가조차도 때로는 실수할 가능성이 존재한다. 이 장에서는 통계의 다섯 가지 일반적인 함정과 평범한 소비자인 당신이 그런 함정을 어떻게 알아볼 수 있는지를 살펴볼 것이다.

함정 1 ▶ 축척의 무시

데이터를 해석할 때 백분율과 비율에 대한 기본적 이해가 도움이 된다. 큰 변화처럼 느껴지는 것이 전체 데이터로 볼 때는 실제로 거의 의미가 없을 때도 있고, 아주 작은 변화가 상당히 중요한 경우도 있다. 이 점을 더 잘 이해하기 위하여 고양이와 개의 예를 살펴보자.

대부분 자료에 따르면, 집에서 키우는 고양이의 몸무게는 매우 큰 품종의 몇몇 예외를 제외하고 일반적으로 약 3킬로그램에서 7킬로그램 사이이다. 집에서 기르는 개의 몸무게는, 역시 몇몇 극단적인 경우를 제외하고 약 3킬로그램에서 70킬로그램 사이가 보통이다. 이런 숫자를 사실로 간주한다면, 고양이의 체중 범위는 약 5킬로그램(7킬로그램과 2킬로그램의 차이)이고 개의 체중 범위는 약 67킬로그램이다. 고양이의 크기보다 개의 크기에 훨씬 더 많은 다양성이 있다.

당신이 4.5킬로그램의 고양이와 60킬로그램의 버니즈 마운틴 도그Bernese Mountain Dog를 키운다고 가정해 보자. 검진을 위하여 데려간 동물병원의 수의사가 고양이와 개 모두 작년에 체중을 잰 이후로 1킬로그램씩 몸무게가 늘었다고 한다. 그리고 고양이에게 다이어트가 필요하다고 말한다. 당신은 이렇게 항변할 수도 있다.

"겨우 1킬로그램 늘었잖아요! 왜 고양이는 다이어트를 해야 하는데, 우리 집 소파를 포함해서 눈에 띄는 모든 것을 먹어치우는 개에게는 다이어트가 필요 없나요?"

이 문제의 답은 상대적인 크기와 관련이 있다. 당신의 개는 1킬로그램이 늘어남으로써 자기 체중의 1%가 조금 넘게 살이 쪘을 뿐이다. 그러나 고양이는 같은 기간에 자기 체중의 20%가 불어났다. 몸 크기와 관련하여, 고양이의 몸무게가 늘어난 비율이 개보다 훨씬 더 높았다.

작지만 의미 있는 변화의 또 다른 예는 증권거래위원회Securities and Exchange Commission, SEC가 화이트칼라 범죄를 조사하는 방식이다. SEC에는 기업 주식의 매매 패턴을 지속적으로 감시하는 도구가 있다. 예를 들어, 파산이나 합병 발표 같은 중요한 사건이 일어나기 전에 회사와 관련된 사람들에 의한 다수의 주식 거래가 발견되었다고 가정해 보자. SEC는 첨단 데이터 분석 기법을 사용하여 이러한 거래에 통계적 유의성이 있는지 아니면 예상 가능한 패턴에 따른 거래인지를 결정한다. 통계적 유의성이 있다고 판단되면 SEC가 내부자 거래에 대한 조사에 착수할 수 있다.[50]

이와는 정반대로, 종종 작은 변화에는 통계적 의미가 없음에도 불구하고 모든 것에 통계적 유의성이 있다고 생각하는 사람들이 있다. 이런 일은 크기가 작은 표본을 사용한 연구에서 가장 쉽게 일어난다. 통계적 유의성을 살필 때, 데이터 분석자는 우리가 4장에서 자세히 살펴본 p값을 계산한다. p값이 낮을수록 통계적 유의성이 높다고 여겨진다는 것을 기억하라.

코로나 19의 치료제로 기대를 모았던 이버멕틴Ivermectin의 사례를 살펴보자. 2020년 봄에 전 세계를 휩쓴 코로나19로 수백만 명이 사망할 위험에 처했을 때, 오스트레일리아의 소규모 실험실에서 구충제인 이버멕틴이 코로나 바이러스를 죽인다는 연구 결과가 보고되었다. 미국 대통령을 포함하여 일부 사람들은 이버멕틴을 팬데믹을 끝장낼 수 있는 기적의 약으로 칭송하기 시작했다.

그러나 약 1,600명을 대상으로 한 대규모 연구는 이버멕틴이 코로나19에 위약placebo만큼이나 효과가 없다는 결론을 내렸다.[51] 이 연구에 관한 캔자스대학교 의료 센터의 보고에 따르면, "연구원들은 이버멕틴을 복용한 사람들이 회복되는 데 걸린 시간이 평균적으로 12일이고, 위약을 복용한 사람들은 13일임을 알아냈다. 이버멕틴 그룹에서는 병원에 입원하거나 사망한 사례가 10건 발생했고, 위약 그룹에서는 9건이 있었다." 그러나 이런 차이에는 통계적 유의성이 없었고, 연구원들은 "이러한 결과가 경증에서 중증도의 코로나19 환자에 대한 이버멕틴의 사용을 뒷받침하지 않는다"는 결론을 내렸다.[52]

이버멕틴을 복용한 사람들과 위약을 복용한 사람들에 대하여 보고된 결과에 작은 차이가 있기는 있었지만, 그 차이에는 통계적 유의성이 없었다. 그러나 통계적 유의성을 이해하지 못하는 사람들은 이 연구가 이버멕틴의 효과를 입증했다는 결론을 내릴 수도 있었다.

함정 2 ▶ 잘못된 중앙의 척도를 바라보기

통계를 해석할 때는 데이터의 분포, 즉 데이터 점들이 얼마나 폭넓게 퍼져 있고 대부분 데이터가 어디에 위치하는지를 아는 것이 중요하다. '정규 분포normal distribution'는 종형 곡선 모양으로 데이터 점이 대부분 범위의 중앙에 있고 양쪽 끝으로 가면서 줄어든다.

1장에서 인용된 미국 가정의 평균 소득에 관한 예에서 우리는 상위 1%의 소득자처럼 극단에 있는 데이터 점, 즉 특이치가 결과를 왜곡하고 평균의 의미를 해칠 수 있음을 보았다. 데이터의 분포는 중앙을 나타내는 가장 유용한 척도가 무엇인지를 알려 준다.

당신이 대학에서 어떤 강의를 수강하고 있다고 상상해 보라. 최종 시험에서 당신은 89%라는 평가를 받는다. 스스로 생각하기에 나쁘지 않은 성적이다. 학급 평균이 92임을 아는 당신은 평균에 상당히 근접한 성적에 만족감을 느낀다.

그러나 곧 두 명을 제외한 학급의 모든 학생이 시험을 잘 봐서 100%의 평가를 받았다는 사실을 알게 된다. 100%가 아닌 두 평가 점수는 당신의 89%와 학기의 절반을 결석한 학생이 받은 65%다. 갑자기 89가 그렇게 좋다고 느껴지지 않는다.

이 경우에 당신의 점수와 65는 특이치고, 나머지 데이터는 모두 100에 모여 있다. 2개의 특이치 때문에 평균값이 상황에 대한 잘못된 이해를 제공한다. 중앙에 대한 더 유용한 척도는 중앙값이나 최빈값이 될 것이고, 이 경우에는 둘 다 100이다. 100이 중앙값이라는 말을 들었다면 학급의 절반 이상이 100점을 받았다는 사실을 알았을 것이고, 당신이 받은 89점의 맥락을 이해할 수 있었을 것이다.

반대로, 학급 대부분이 70대 후반이나 80대 초반의 점수를 얻었고 소수의 학생만이 100점을 받았다는 사실을 알게 되었다고 상상해 보라. 높은 점수의 특이치 때문에 학급 평균이 인위적으로 높아 보였다. 다시 말해 중앙값은 다른 학생들과 비교하여 당신이 어떤 평가를 받았는지를 더 잘 이해하게 해 주고, 받은 성적에 더 만족하도록 해 주었을 것이다.

함정 3 ▶ 상관관계와 인과 관계의 혼동

상관관계와 인과 관계를 혼동하는 것은 큰 함정이자 가장 극단적인 결론으로 이어지는 함정이기도 하다. 상관관계는 단순히 두 가지 또는 그 이상의 현상이 동시에 일어나거나, 함께 변동하는 등 어떤 방식으로든 연관됨을 의미한다. 인과 관계는 하나가 실제로 다른 하나를 유발한다는 것을 뜻한다. 상관관계는 모든 곳에 존재하고, 대개 인과 관계와는 아무런 관련이 없다. 실제로 사람들이 발견한 깜짝 놀랄 만한 상관관계들이 있다.

우선 첫째로, 니콜라스 케이지Nicholas Cage가 매년 출연한 영화의 수와 수영장에 빠져 익사한 사람의 수 사이에 상관관계가 존재한다는 사실을 알고 있었는가? 타일러 비겐Tyler Vigen이라는 사람은 이처럼 흥미로운 여러 가지 상관관계를 발견했다.

두 현상 중 하나가 다른 하나의 원인이라고 생각할 사람은 아무도 없을 것이다. 터무니없는 발상임이 분명하기 때문이다. 비겐은 '가짜spurious 상관관계'만을 다루는 웹사이트를 운영하고 있다. 분명히, 미국에서 수여되는 컴퓨터 공학 박사학위와 아케이드에서 창출되는 총 수익 사이에는 거의 완벽한 상관관계가 존재한다![53]

비겐이 찾아낸 상관관계들은 분명히 우스꽝스럽다. 그러나 이보다 더 그럴듯한 상관관계도 많고, 심지어 과학자들조차 종종 상관관계가 인과 관계라고 가정한다. 아동기 백신과 자폐증에 관한 연

[수영장에 빠져 사망한 사람 수와
니콜라스 케이지가 출연한 영화 수의 상관관계]

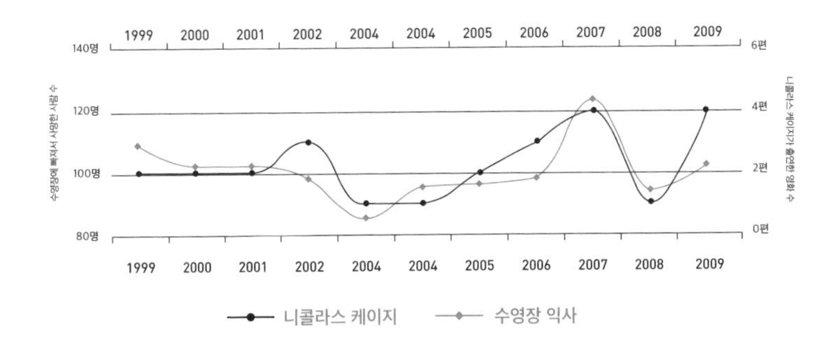

구에서 그런 일이 일어났다.

처음에 백신과 자폐증의 관계를 발표한 의사는 단순한 연관성을 지적했을 뿐이었다. (그는 나중에 일부 데이터를 조작한 것으로 밝혀져서 의사 면허가 취소되었다.) 그렇지만 이러한 연관성에 관한 이야기를 듣고 두려움에 빠진 부모들은 그것이 인과 관계를 나타내는 신호라고 추측했다. 둘 사이의 인과 관계가 전혀 없음을 보여 준 수많은 대규모 연구에도 불구하고, 많은 사람이 여전히 백신이 자폐증을 유발한다는 신화를 믿고 있다.[54]

더욱 심각한 영향을 미치는 또 다른 예는 공중 보건 분야에 존재한다. 최근 몇 년 동안, 공중 보건을 담당하는 기관들은 '비만 유행병obesity epidemic'을 매도하고 비만과 싸우기 위하여 수백만 달러를 지출했다. 그러나 비만과 증가하는 건강 위험 사이에는 아직 인과적 연관성이 없다. 비만과 당뇨병이며 심장병 같은 건강 위험 사이의 '상관관계'는 존재하지만, 과학자들은 아직 비만이 건강에 나쁜 결과를 '초래'한다는 것을 입증하지 못했다.

『란셋Lancet』(영국의 의학 저널—옮긴이)에 따르면, "비만과 질병 위험 사이의 인과 관계는 그리 단순하지 않다. 비만은 직접적 · 구체적으로 비만과 관련된 질병의 위험성에 영향을 미치는 환경적 · 사회경제적 결정 요인의 인과 관계망에 내재하는, 식습관이나 신체 활동 같은 요소가 혼합되어 발생한다."[55]

대부분의 미신은 사람들이 상관관계와 인과 관계를 혼동하기 때문에 존재한다. 당신이 빨간 양말을 신고 있는 동안에 좋아하는 야구팀이 두 게임 연속으로 승리할 수도 있다. 미신을 믿는 경향이 있다면, 이러한 연관성을 알아차리고 빨간 양말이 승리를 불렀다고 판단할지도 모른다. 그러면 당신은 남은 시즌 동안 야구 경기가 있을 때마다 그 빨간 양말이 깨끗한지를 확인하게 될 것이다.

함정 4 ▶ 편향을 알아보지 못함

우리는 이 책의 첫 번째 장에서 숨겨진 편향의 몇 가지 예를 논의했다. 숨겨진 편향은 교활하다. 연구가 완벽하게 수행되었고 데이터가 명백한 이야기를 해 준다고 생각할 수 있기 때문이다. 하지만 그런 이야기에는 종종 우리가 볼 수 없는 복잡한 문제가 있다. 숨겨진 편향의 존재를 깨닫기 위해서는 외부적 시각이나 사려 깊은 질문자가 필요하다.

몇 가지 실제 사례를 살펴보자. 약 10년 전에, 보스턴시는 시내에서 포트홀pothole이 발생한 곳을 탐지하고 수리하기 위하여 스트리트 범프Street Bump라는 앱을 출시했다. 앱의 사용자는 운전 중에 포트홀을 발견하면 스마트폰으로 데이터를 보낼 수 있었다. 문제는 적어도 앱이 구축되었을 때 많은 주민, 특히 가난한 지역에 사는 사람들이 스마트폰을 소유하거나 운전 중에 사용하지 않았다는 것이

었다. 수집된 정보는 주민들이 운전하면서 스마트폰을 사용하는 지역에 편향되었다.[56]

2016년 대통령 선거에서 힐러리 클린턴이 큰 차이로 승리할 것을 예측한 연구에도 숨겨진 편향이 있었다. 여러 가지 이유로, 표본이 선거일에 투표하러 나온 사람들을 정확하게 반영하지 못했다. 정치적 예측과 관련된 편향은 특히 교활하다.

또 다른 유명한 예는 1936년의 대통령 선거에서 나왔다. 당시에 『리터러리 다이제스트Literary Digest』지는 구독자 1,000만 명을 대상으로 여론 조사를 실시하여 공화당 후보 앨프레드 랜던Alfred Landon이 압도적인 득표 차이로 프랭클린 D. 루스벨트(민주당의 현직 대통령)를 이길 것이라고 예측했다. 잡지의 예측은 빗나갔고, 많은 사람이 잡지의 구독자 중에 공화당원이 압도적으로 많았던 것을 원인으로 추측했다.[57] 실제로 잠재적인 편향은 너무 많아서, 연구 결과가 편향될 수 있는 온갖 다양한 방식을 설명하는 편향의 목록이 있을 정도다.[58]

함정 5 ▶ 인과 관계를 거꾸로 이해하기

데이터 과학자들이 역인과 관계reverse causality의 문제에 적절하게 대응하고 있기 때문에 뉴스에서 그렇게 많이 볼 수는 없겠지만, 이 문제는 여전히 당신의 믿음에 영향을 미칠 수 있다. 역인과 관계는 상관관계와 인과 관계 혼동(함정 3)의 하위 범주로 볼 수 있다. 두 현상이 서로 연관되어 있다고 여겨 한쪽을 다른 현상의 원인으로 잘못 지목하는 것이다.

실제로 원인과 결과가 불명확한 상관관계가 많다. 예를 들어, 흡연과 우울증에 관한 통계를 살펴보자. 흡연과 우울증 사이에는 강력한 상관관계가 존재한다. 당신은 흡연이 우울증으로 이어진다고 판단하고 싶은 유혹을 느낄 것이다. 일부 매체는 실제로 그렇게 보도했다. 그러나 수많은 연구가 그러한 인과 관계의 방향을 입증하지 못했다.[59] 우리는 흡연이 우울증을 유발하는지, 아니면 이미 우울증을 앓는 사람이 담배를 피우는 경향이 있는지를 아직 알지 못한다.

실제로 우연히 인과 관계를 역전시키기가 너무도 쉽기 때문에, 오늘날 다수의 공중 보건 전문가가 '힐의 인과 관계 기준Hill's Criteria for Causation'이라 불리는 아홉 가지 원칙에 의존한다. 1965년에 통계학자 오스틴 브래드포드 힐Austin Bradford Hill은 역학적epidemiological 연관성을 평가하기 위하여 이러한 기준을 제시했다. 힐의 기준이 보편적으로 사용되지는 않지만, 현상들 사이의 연관성과 마주쳤는데 인과 관계가 무엇인지 확신할 수 없을 때 스스로 다음 질문을 해 보면 도움이 될 것이다.

1) 연관성의 강도 (데이터 사이의 연관성이 얼마나 강한가?)

2) 일관성 (consistency, 다른 사람들이 다른 시간에 연구를 반복하더라도 같은 결과가 나올 것인가?)

3) 구체성 (연관성이 얼마나 구체적인가?)

4) 시간성 (결과가 원인 뒤에 일어났는가?)

5) 생물학적 기울기 (biological gradient, 노출량과 발병량 사이에 상관관계가 있는가?)

6) 타당성 (원인이 결과로 이어질 그럴듯한 방법이 있는가?)

7) 통일성 (coherence, 실험실 연구와 역학 조사 결과 사이에 일관성이 있는가?)

8) 실험 (연관성에 대한 개입이나 실험이 결과의 변경으로 이어지는가?)

9) 유추 (관찰된 연관성과 다른 연관성 사이에 유사성이 있는가?)[60]

이 중에는 다른 것보다 특정한 상황에 더 잘 적용되는 질문이 있다. 예를 들어, 니콜라스 케이지의 영화 출연이 실제로 익사를 유발했는지 자문해 보면 연관성은 강하지만 타당성이 거의 없음을 알 수 있을 것이다.

제 9 장

데이터 조작과 도표의 힘

치과 의사의 80% 이상이 콜게이트Colgate 치약을 추천했다는 사실을 알고 있었는가? 당신도 2007년에 이 광고를 들은 뒤 약국에 가서 크레스트Crest 대신 콜게이트 치약을 선택했을지도 모른다. 그러나 치과의사 5명 중 4명이 콜게이트를 추천한 것은 맞지만 당신이 믿도록 광고가 유도한 방식은 아니었음이 밝혀졌고, 콜게이트 팔모라이브Colgate-Palmolive사는 이 광고 캠페인으로 비난을 받았다.[61]

회사의 설문 조사는 치과 의사들에게 어떤 치약 브랜드를 추천하는지를 물었고, 콜게이트는 그저 제시된 선택지 중 하나에 불과했다. 조사에 참여한 의사들은 여러 브랜드를 꼽았기에 다른 몇몇 브랜드도 콜게이트 못지않게 추천을 받은 것으로 밝혀졌다.

따라서 치과 의사의 80%가 실제로 콜게이트를 추천한 것은 맞지만, 동일한 80%가 크레스트나 센소다인Sensodyne을 함께 추천했을 수도 있었다. 이 광고 캠페인은 오해의 소지가 있는 것으로 여겨졌다. 대부분 시청자가 치과의사의 80%가 다른 브랜드가 아닌 콜게이트'만'을 추천했다는 의미로 해석할 것이기 때문이었다.[62]

몇몇 사례에서 살펴보았듯이, 연구가 잘 수행되고 제시된 수치가 정확하더라도 청중(보통 당신)에게 무언가를 설득하려는 의도에서 데이터를 극단적으로 조작할지도 모른다. 흔히 볼 수 있는 속임수 중에는 축 하나를 확대하여 효과가 실제보다 크게 보이도록 하는 방법이 있다. 2006년에 영국의 『타임스The Times』 신문사가 다른 뉴스 매체보다 자사가 더 인기 있다는 내용의 기사에서 이런 일을 했다. 그들은 기사와 함께 다음 도표를 게재했다.

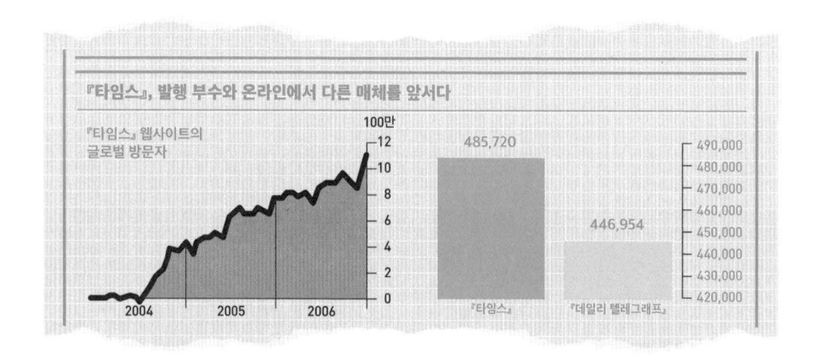

오른쪽 도표를 얼핏 보면, 도표가 어느 시점을 나타내든 『타임스』의 판매 부수가 『데일리 텔레그래프』의 거의 두 배라는 인상을

받는다. 그러나 y축의 수치를 좀 더 자세히 살펴보면 42만에서 49만까지만 보여 주기 위하여 축이 확대되었음을 알 수 있다. 그들은 판매 부수의 약 4만 부, 또는 두 신문사 판매 부수의 10% 미만이라는 상대적으로 작은 차이가 엄청난 차이로 여겨지기를 원했기 때문에 42만 아래의 수치를 모두 잘라 버렸다.[63] 가족계획연맹에 관한 도표와 마찬가지로, 숫자는 사실이지만 도표가 그려진 방식이 숫자가 말해 주지 않는 이야기를 믿도록 유도한다.

한 축이 전체 수치의 일부만을 표시하는 이러한 효과는 기준선 생략omitting the baseline이라 불린다. 기준선의 수치는 거의 언제나 0이고 y축이 그 점을 반영해야 한다. 『타임스』의 사례에서 y축에 0부터 42만까지의 모든 수치가 포함되었다면, 두 신문의 판매 부수 차이가 그렇게 크지 않음을 알 수 있었을 것이다. 그러나 당연히, 『타임스』는 우리가 그 차이를 모르기를 바랐다.

사람들을 오도하는 또 다른 방법은 도표에서 중요한 정보를 빼 버리는 것이다. TV 시청률에 대하여 일반적으로 신뢰받는 회사, 닐슨Nielson이 Wii(닌텐도Nintendo에서 제작한 가정용 게임기-옮긴이)가 잊혀 가는 것처럼 보이게 하는 데이터를 발표한 사례를 보자. 게임 사이트들은 이 데이터에 낚여서 다음 도표를 발표했다.

와, Wii가 다른 플랫폼에 비해서 꽤 인기가 없지 않은가? 이것이 도표에 기초한 논리적 결론이다. 그들이 말하지 않은 것은 각 플랫

[6개월간 활성 사용자 추세]

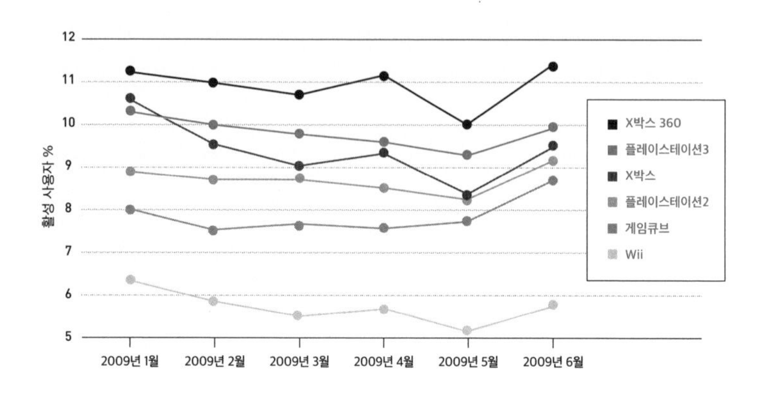

폼의 사용자 수와 도표가 '각 플랫폼의 총 사용자' 중에서 활성 사용자active user의 백분율을 보여 준다는 것, 그리고 다른 어떤 플랫폼보다 Wii의 사용자가 훨씬 더 많다는 사실이었다. 블로거 리 에반스Lee Evans는 다음과 같이 설명한다.

> 그래프의 맨 위 숫자를 보라. X박스 360 소유자의 11%만이 360을 활발하게 사용하고, PS3 소유자의 10%만이 PS3를 활발하게 사용한다. 이제 약간의 계산을 해 보자.
>
> Wii를 소유한 사람은 5,000만 명이다. 그 숫자의 6%는 300만이다.
>
> 360을 소유한 사람은 3,000만 명이다. 그 숫자의 11%는 330만이다.
>
> PS3를 소유한 사람은 2,000만 명이다. 그 숫자의 10%는 200만이다.
>
> 따라서 PS3의 활성 사용자가 X박스 360이나 Wii보다 적었다.[64]

도표가 의도적으로 오해를 불러일으킬 수 있는 또 다른 방법은 도표의 작성자가 정보에 대하여 잘못된 유형의 그래프를 사용하는 경우다. 우리가 지금까지 살펴본, 2개의 축이 있고 결과를 좌표 평면에서 비교하는 유형의 그래프는 두 가지 또는 그 이상의 대상을 비교할 때 가장 많이 사용된다. 각 항목이 다른 항목에 대하여, 그리고 y축에 표시된 눈금에 대하여 어떻게 측정되는지가 쉽게 보인다. 데이터에 적합할 수도 있고 그렇지 않을 수도 있는 뉴스 매체들은 다른 유형의 디스플레이를 만들어 내는 데 능숙해졌다.

예시로 원그래프를 살펴보자. 우리가 7장에서 논의한 것처럼 원그래프는 정의에 따라 응답의 100%를 나타내야 하고, 표시된 응답의 합계가 100%가 되지 않는다면 오해를 불러일으킬 여지가 있다. 이는 설문 응답자가 하나 이상의 선호도를 선택할 수 있는 경우에

[2012년 공화당 대선 후보]

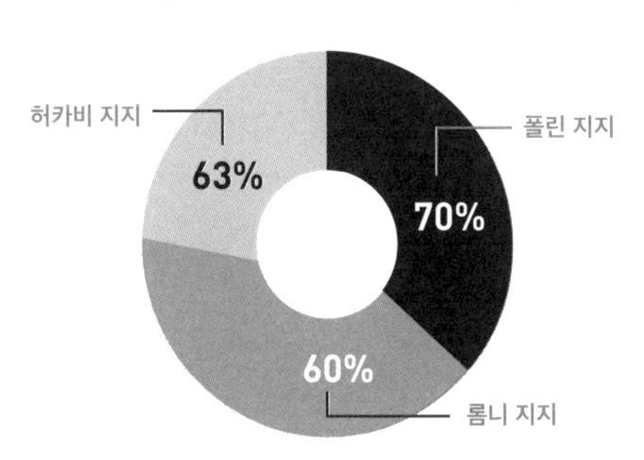

출처: 오피니언스 다이내믹(Opinions Dynamic)

발생할 가능성이 가장 높다. 다음은 2012년 대통령 선거 기간에 〈폭스 뉴스Fox News〉에 나타난 도표다.[65]

이 도표의 문제는 데이터가 사실이 아니라는 것이다. 즉, 사람들이 지지하는 후보를 한 명 이상 선택할 수 있도록 허용했기 때문에 결과의 합계가 100%가 되지 않는다. 이 파이 차트의 '파이' 조각은 응답 사이의 비례적 관계를 보여 주지 않으므로 아무런 의미가 없다. 도표가 설문 응답자들이 하나 이상의 응답을 선택 가능했음을 분명히 보여 주는 막대그래프라면 더 의미가 있을 것이다.

더욱 사악한 현상은 실제 데이터가 조작되는 경우다. 데이터 조작의 가장 영향력 있는 사례의 하나는 한때 코넬 대학교 교수였으며 유명한 사회과학자이자 작가인 브라이언 완싱크Brian Wansink라는 인물의 경우다.

완싱크는 코넬 대학교에서 사람들의 식품 선택에 초점을 맞춘 식품 및 브랜드 연구소Food and Brand Lab를 운영했다. 그는 특히 비만과 체중 감소에 관심을 가졌다. 그가 2007년부터 2009년까지 미국 농무부(USDA)의 영양 진흥 센터Center for Nutrition and Promotion를 지휘하는 동안, USDA는 2010년의 미국인을 위한 식이 지침Dietary Guidelines for Americans을 포함하여 미국인의 식단에 대하여 수많은 영향력 있는 권장 사항을 만들어 냈다.

'바닥이 없는 그릇bottomless bowls'이 더 많이 먹도록 유도할 것이고 『요리의 즐거움Joy of Cooking』에서 1인분의 크기가 시간이 지남에 따라 늘어났다는 것을 포함하여, 당신이 미국인의 식습관에 대하여 들었던 이야기의 많은 부분이 완싱크에게서 나왔다.[66]

2016년의 블로그 게시물에서 완싱크는 자신과 대학원 조교가 데이터를 분석하여 여러 연구 논문을 쓰게 된 작업 방식을 설명했다. 완싱크가 설명한 데이터 채굴 방식은, 무언가 유용한 것을 찾을 때까지 데이터를 분석하고 재분석하는 그의 방법에 의문을 제기한 다른 과학자들에게 경종을 울렸다.

대부분 과학자는 가설을 세우고 나서 가설이 입증되는지를 확인하기 위하여 데이터를 수집한다. 완싱크는 엄청난 양의 데이터를 수집한 다음에, 자신의 영향력 있는 위치를 고려해서 언론의 관심을 모으리라 생각되는 특정한 주장을 펼칠 수 있을 때까지 데이터를 샅샅이 뒤졌다.[67]

한 데이터 집합에서 수상한 일이 일어났음을 알아챈 데이터 분석가와 과학자들은 완싱크의 다른 연구들을 살펴보기 시작했다. 2017년 이후로 완싱크의 논문은 18건이 철회되고, 15건이 수정 요구를 받고, 7건은 '우려 표명expression of concern'의 평가를 받았다. 코넬 대학교는 그가 한 일이 과학적 위법 행위에 해당하는 것으로 판단하고 완싱크를 해임해야 했다.[68]

완싱크의 경우는 극단적인 사례지만, 적어도 한동안 그가 조작된 데이터를 공개하는 데 성공한 유일한 과학자는 분명 아니다. 영양에 관한 연구에서 중요한 함정의 하나는 대부분은 아니라도 다수의 연구가 자기 보고self-reporting 데이터에 의존한다는 것이다.

자기 보고는 사람들의 음식 일기에서 나올 때도 있고, 때로는 자신이 먹었다고 생각하는 음식에 대한 단순한 회상에서 나오기도 한다.[69] 지난 6개월 동안에 당신이 블루베리를 몇 번이나 먹었는지 질문받는다면 정확하게 대답할 수 있을까? 서빙된 양이 얼마였는지까지 묻는다면 어떨까?

이런 종류의 자기 보고 데이터는 신뢰할 수 없는 것으로 악명이 높지만, 우리가 영양에 관하여 듣는 이야기의 많은 부분이 자기 보고 데이터를 사용하는 연구에서 나온다.

제 10 장

결론

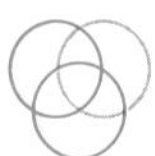

이제 이 책의 결론에 도달한 당신은 눈에 보이는 어떤 것도 믿을 수 없다고 생각할지도 모른다. 연구 결과는 타당하지 않고 신뢰하기 어려울 수 있다. 도표는 오해를 부를 수 있다. 데이터는 심지어 조작되거나 꾸며낼 수 있다. 이러한 진술은 모두 사실이지만, 당신의 결론이 거기에 그쳐서는 안 된다.

이 책은 통계의 어려움과 올바른 통계가 대단히 중요함을 가르치는 것을 목표로 한다. 과학자, 데이터 분석가, 연구원들은 과학 연구를 수행하는 방법에 대하여 철저한 교육을 받는다. 그들은 적절한 질문을 만들어 내는 데 몇 달을 소비하고, 정확한 데이터를 수집하는 방법을 알아내느라 몇 년을 보낸다. 오류와 마주치고, 실수를 발견하고, 때로는 수집된 데이터를 버리고 다시 시작해야 한다. 세계적 생명 공학 기업들이 코로나19 백신을 그만큼 빨리 제조하고 시험하고 대량 생산한 것이 그토록 놀라운 이유 중 하나가 바로 이것이다.

이제 정확한 통계를 작성하고 보고하는 일이 얼마나 어려운지 알게 된 당신은 생활 속에서 통계를 접할 때 더 분별력 있는 안목을 갖춰야 한다. 당신은 오해의 소지가 있는 도표를 인식할 수 있게 되고, 개연성이 없어 보이는 연구 결과를 받아들이는 데 더 주의하게 될 것이다. 재현 가능한 타당한 결과와 타당하지 않고 신뢰할 수 없는 결과를 구별하는 이해력을 갖추게 될 것이다.

당신은 또한 통계적 표현의 기술에 대한 이해를 얻었을 것이다. 데이터를 표현할 올바른 방법을 선택하는 것은 쉬운 일이 아니다. 수많은 온라인 출판물에 그래픽 디스플레이를 전담하는 팀이 있는 것은 그 때문이다. 『뉴욕타임스』는 매주 게재되는 '이 도표에서 무슨 일이 벌어지고 있을까?'라는 칼럼을 통해서 교사들이 사용할 교훈을 제안하기까지 한다.[70]

데이터 분석가와 그래픽 아티스트graphic artist의 작업은 올바른 정보뿐만 아니라 잘못된 정보가 넘쳐나는 시대에 대단히 중요하다. 데이터 디스플레이에 어떤 색상을 사용할지에 대한 간단한 결정으로 사람들이 엄청나게 다른 결론을 내리게 할 수 있다. 예를 들어, 퓨 자선 신탁Pew Charitable Turst이 2018년에 발표한 다음 지도를 살펴보라.

[인구 증가]

작년에 캘리포니아 실리콘밸리처럼 미국에서 물가가 가장 비싼 몇몇 지역에서 인구 증가가 나타났고, 선 벨트Sun Belt의 물가가 낮은 지역에서도 인구가 증가했다.

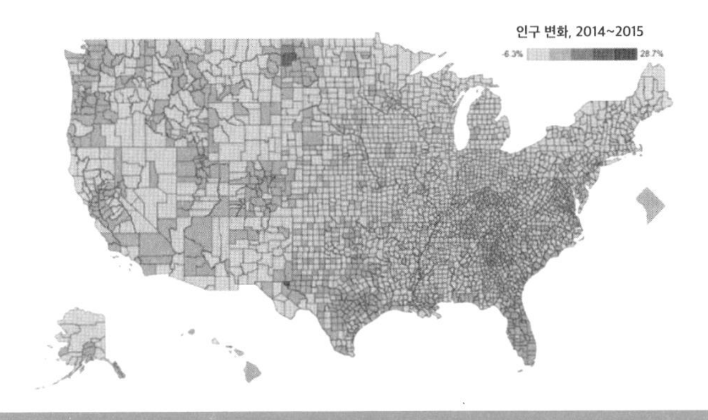

주 경계 데이터 표시, 2016년 4월 | 출처: 미국 인구조사국

『워싱턴포스트』의 칼럼니스트 크리스토퍼 잉그레이엄Christopher Ingraham이 '데이터 저널리스트가 알려 주지 않은 더러운 작은 비밀The Dirty Little Secret that Data Journalists Aren't Telling You'이라는 기사에서 설명한 것처럼, 퓨의 연구원들은 인구조사 데이터에 따른 2014~2015년도 미국 전역의 인구 증가 및 감소를 나타내려 했다.

그러나 갈색의 음영으로 성장과 쇠퇴를 보여 주고 나름의 방식으로 숫자를 분류하는 방법을 선택함으로써 지루하고 이해하기 어려운 시각적 표현이 되고 말았다. 미국의 인구가 실제로 어디에서 감소하고, 어디에서 증가했을까? 이 지도로는 쉽게 알 수 없다.

잉그레이엄은 같은 데이터를 사용한 지도에서 다른 시도를 했다. 숫자를 다른 방식으로 분류하여 성장과 쇠퇴의 시각적 차이가 뚜렷하게 드러나도록 하고, 더 구별하기 쉬운 색상을 사용했다. 다음은 그가 만들어 낸 지도다.

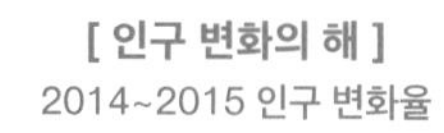

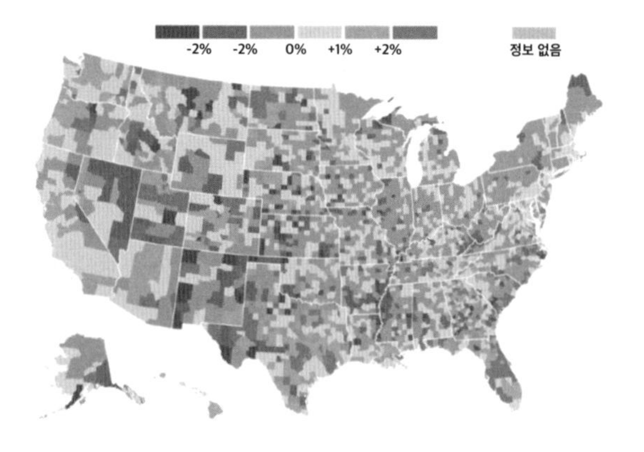

WAPO.ST/WONKBLOG | 출처: 미국 인구조사국
원본 컬러 도표는 북스힐 홈페이지www.bookshill.com 자료실을 통해 확인 가능합니다.

잉그레이엄의 지도는 훨씬 이해하기 쉽다. 우리의 관심을 끌고 2014~2015년에 미국의 인구가 어디에서 얼마나 많이 변했는지에 대한 명확한 이야기를 들려준다.

잉그레이엄의 목적은 퓨 자선 신탁을 폄하하는 것이 아니라 데이터의 시각적 표현에 얼마나 많은 생각이 필요한지를 보여 주는 것이었다. 그는 이렇게 말했다.[71]

> 데이터 시각화는 과학이면서 그만큼 예술이기도 하다.
>
> (중략)
>
> 숫자는 말만으로는 부족해 보이는 권위와 객관성의 겉모습을 지니고 있다. 그러나 숫자로 하는 소통은 여러 면에서 말로 하는 소통과 마찬가지다. 무엇을 강조하고 무엇을 경시해야 하는지, 해당 주제에 대한 완전한 이해를 어떻게 전달할지를 결정해야 한다.

이 책을 여기까지 읽고 여전히 관심이 있다면, 세상에는 분석을 기다리는 수많은 통계가 존재한다. 그저 당신이 세상에 제시하려는 데이터가 정확하고 신뢰할 수 있는 것이 되도록, 연구된 현상에 대하여 참된 이야기를 들려줄 수 있도록 각 단계를 계획해야 함을 기억하라.

마치며

이 책이 당신에게 어떤 식으로든 도움이 되었거나, 감동을 주었거나, 메시지를 건넸다면 아래의 아마존 링크에 리뷰를 남겨 솔직한 피드백을 전해 주기 바란다. 경험을 기반으로 한 추천 리뷰는 작가의 생계에 매우 중요하다. 이는 내가 가장 사랑하는 일인 글쓰기에 전념하면서 작가로서 활동을 계속할 수 있게 해 주는 생명선이다.

https://www.amazon.com/dp/B0C2G6X595

그리고 내 책을 선택해 준 신뢰에 감사를 표하려 한다. 아래 사이트에서 『시스템의 세계에서 강력한 질문을 하는 방법』(영어)이라는 작은 책자를 무료로 받을 수 있다.

https://www.albertrutherford.com/

이 작은 책에서 당신이 배울 것은 다음과 같다.

- 제한된 합리성이란 무엇인가
- 사건 수준과 행동 수준 분석을 구별하는 방법
- 최적의 레버리지 포인트를 찾는 방법
- 시스템적 사고의 관점을 사용해 강력한 질문을 하는 방법

이 책을 읽어 주었음에 무척이나 감사한다.

존경을 담아,

앨버트 러더포드

주

[1] Barnes, B. H. (2013, September 7). Do left–handed people really die young? BBC News. https://www.bbc.com/news/magazine-23988352

[2] Maugh, T. H., II. (2019, March 9). Left–Handers Die Younger, Study Finds – Los Angeles Times. Los Angeles Times.

[3] Barnes, B. H. (2013, September 7). Do left–handed people really die young? BBC News. https://www.bbc.com/news/magazine-23988352

[4] Barnes, B. H. (2013, September 7). Do left–handed people really die young? BBC News. https://www.bbc.com/news/magazine-23988352

[5] Baykoucheva, Svetla (2015). Managing Scientific Information and Research Data. Waltham, MA: Chandos Publishing. p. 80. ISBN 9780081001950

[6] E. (2022, November 8). How do you define Data Literacy? The Data Literacy Project. https://thedataliteracyproject.org/how-do-you-define-data-literacy/

[7] Marr, B. (2022, September 28). The Importance Of Data Literacy And Data Storytelling. Forbes. https://www.forbes.com/sites/bernardmarr/2022/09/28/the-importance-of-data-literacy-and-data-storytelling/?sh=31cb47ac152f

[8] Lai, S. (2022, June 21). Data misuse and disinformation: Technology and the 2022 elections. Brookings. https://www.brookings.edu/blog/techtank/2022/06/21/data-misuse-and-disinformation-technology-and-the-2022-elections/

[9] Marr, B. (2022, September 28). The Importance Of Data Literacy And Data Storytelling. Forbes. https://www.forbes.com/sites/bernardmarr/2022/09/28/the-importance-of-data-literacy-and-data-storytelling/?sh=31cb47ac152f

[10] Definition of statistics. (n.d.). In www.dictionary.com. https://www.dictionary.com/browse/statistics:~:text=noun,more%20or%20less%20disparate%20elements.

[11] Definition of statistics. (2023). In Merriam-Webster Dictionary. https://www.merriam-webster.com/dictionary/statistics

[12] Scribbr. (n.d.). The Beginner's Guide to Statistical Analysis | 5 Steps & Examples. https://www.scribbr.com/category/statistics/

[13] Stratified Random Sample: Definition, Examples – Statistics How To. (2023, March 3). Statistics How To. https://www.statisticshowto.com/probability-and-statistics/sampling-in-statistics/stratified-random-sample/

[14] Team, W. (2022, May 20). Stratified Sampling. WallStreetMojo. https://www.wallstreetmojo.com/stratified-sampling/

[15] McCombes, S. (2023, March 27). Sampling Methods | Types, Techniques & Examples. Scribbr. https://www.scribbr.com/methodology/sampling-methods/

[16] Porritt, S. (2023, March 22). Data Cleaning: Techniques & Best Practices for 2023. TechnologyAdvice. https://technologyadvice.com/blog/information-technology/data-cleaning/

[17] Beers, B. (2023, March 28). P-Value: What It Is, How to Calculate It, and Why It Matters. Investopedia. https://www.investopedia.com/terms/p/p-value.asp

[18] What is Bayesian Analysis? | International Society for Bayesian Analysis. (n.d.).

https://bayesian.org/what-is-bayesian-analysis/

[19] Bayes Theorem Application in Everyday Life : Networks Course blog for INFO 2040/CS 2850/Econ 2040/SOC 2090. (2018, November 19). https://blogs.cornell.edu/info2040/2018/11/19/bayes-theorem-application-in-everyday-life/

[20] Selvin, Steve (August 1975b). "On the Monty Hall problem (letter to the editor)". The American Statistician. 29 (3): 134. JSTOR 2683443

[21] Bayes for days: What to do with signal | Mawer Investment Management Ltd. (n.d.). https://www.mawer.com/the-art-of-boring/blog/bayes-for-days-what-to-do-with-signal

[22] Federal surveys show no increase in U.S. violent crime rate since the start of the pandemic | Pew Research Center. (2022, October 31). Pew Research Center. https://www.pewresearch.org/fact-tank/2022/10/31/violent-crime-is-a-key-midterm-voting-issue-but-what-does-the-data-say/ft_2022-10-31_violent-crime_02c/

[23] Federal surveys show no increase in U.S. violent crime rate since the start of the pandemic | Pew Research Center. (2022, October 31). Pew Research Center. https://www.pewresearch.org/fact-tank/2022/10/31/violent-crime-is-a-key-midterm-voting-issue-but-what-does-the-data-say/ft_2022-10-31_violent-crime_02c/

[24] L. (2022, January 6). 1.1: What Is Statistical Thinking? Statistics LibreTexts. https://stats.libretexts.org/Bookshelves/Introductory_Statistics/Book%3A_Statistical_Thinking_for_the_21st_Century_(Poldrack)/01%3A_Introduction/1.01%3A_What_Is_Statistical_Thinking%3F

[25] NOVA | The Deadliest Plane Crash | How Risky Is Flying? | PBS. (n.d.). https://www.pbs.org/wgbh/nova/planecrash/risky.html

[26] Frey, M. C. (2019). What We Know, Are Still Getting Wrong, and Have Yet to Learn about the Relationships among the SAT, Intelligence, and Achievement. Journal of Intelligence, 7(4), 26. https://doi.org/10.3390/jintelligence7040026

[27] Spurious correlations. (n.d.). https://tylervigen.com/spurious-correlations

[28] Calzon, B. (2023, March 1). Misleading Statistics – Real World Examples For Misuse of Data. BI Blog | Data Visualization & Analytics Blog | Datapine. https://www.datapine.com/blog/misleading-statistics-and-data/

[29] PolitiFact – Chart shown at Planned Parenthood hearing is misleading and "ethically wrong." (n.d.). @Politifact. https://www.politifact.com/factchecks/2015/oct/01/jason-chaffetz/chart-shown-planned-parenthood-hearing-misleading-/

[30] Kelly, J. (2021, July 25). Working 9-To-5 Is An Antiquated Relic From The Past And Should Be Stopped Right Now. Forbes. https://www.forbes.com/sites/jackkelly/2021/07/25/working-9-to-5-is-an-antiquated-relic-from-the-past-and-should-be-stopped-right-now/?sh=485a7ba40de6

[31] Ward, P. (2022, August 15). Frederick Taylor's Principles of Scientific Management Theory. NanoGlobals. https://nanoglobals.com/glossary/scientific-management-theory-of-frederick-taylor/

[32] Taylor, Frederick Winslow (1911), The Principles of Scientific Management, New York, NY, USA and London, UK: Harper & Brothers, LCCN 11010339, OCLC 233134

[33] Trufelman, A. (2019, November 11). On Average – 99% Invisible. 99% Invisible. https://99percentinvisible.org/episode/on-average/

[34] Average children per family U.S. 2022 | Statista. (2022, December 13). Statista. https://www.statista.com/statistics/718084/average-number-of-own-children-per-family/:~:text=The%20typical%20American%20picture%20of,18%20per%20

family%20in%201960.&text=If%20there's%20one%20thing%20the,is%20known%20for%2C%20it's%20diversity

[35] Trufelman, A. (2019, November 11). On Average – 99% Invisible. 99% Invisible. https://99percentinvisible.org/episode/on-average/

[36] Stiglitz, J. E. (2011, March 31). Of the 1%, by the 1%, for the 1%. Vanity Fair. https://www.vanityfair.com/news/2011/05/top-one-percent-201105

[37] Caporal, J. (2023, February 1). Are You Well-Paid? Compare Your Salary to the Average U.S. Income. The Motley Fool. https://www.fool.com/the-ascent/research/average-us-income/

[38] The Modal American. (2019, August 18). NPR.

[39] Jeffcoat, Y. (2022, August 24). How Do Television Ratings Work? HowStuffWorks. https://entertainment.howstuffworks.com/question433.htm

[40] Mercer, A., Deane, C., & McGeeney, K. (2020, August 14). Why 2016 election polls missed their mark. Pew Research Center. https://www.pewresearch.org/fact-tank/2016/11/09/why-2016-election-polls-missed-their-mark/

[41] Dickie, G. (2020, November 13). Why Polls Were Mostly Wrong. Scientific American. https://www.scientificamerican.com/article/why-polls-were-mostly-wrong/

[42] Mercer, A., Deane, C., & McGeeney, K. (2020, August 14). Why 2016 election polls missed their mark. Pew Research Center. https://www.pewresearch.org/fact-tank/2016/11/09/why-2016-election-polls-missed-their-mark/

[43] The Learning Network. (2020, June 9). What's Going On in This Graph? | Bus Ridership in Metropolitan Areas. The New York Times. https://www.nytimes.com/2020/04/02/learning/whats-going-on-in-this-graph-bus-ridership-in-metropolitan-areas.htm

[44] Marr, B. (2022, September 28). The Importance Of Data Literacy And Data Storytelling. Forbes. https://www.forbes.com/sites/bernardmarr/2022/09/28/the-importance-of-data-literacy-and-data-storytelling/?sh=31cb47ac152f

[45] Stone, C., Trisi, D., Sherman, A., & Beltrán, J. (2020, January 13). A Guide to Statistics on Historical Trends in Income Inequality. Center on Budget and Policy Priorities. https://www.cbpp.org/research/poverty-and-inequality/a-guide-to-statistics-on-historical-trends-in-income-inequality

[46] The Learning Network. (2018, October 10). What's Going On in This Graph? | October 10, 2017. The New York Times. https://www.nytimes.com/2017/10/09/learning/whats-going-on-in-this-graph-oct-10-2017.html?searchResultPosition=3

[47] 2018 and 2019 budgets by technology in selected IEA countries and the European Union – Charts – Data & Statistics – IEA. (n.d.). IEA. https://www.iea.org/data-and-statistics/charts/2018-and-2019-budgets-by-technology-in-selected-iea-countries-and-the-european-union-2

[48] Sahagian, G. (2022, March 30). Analyzing the Used Car Market in 2021 – Geek Culture – Medium. Medium. https://medium.com/geekculture/analyzing-the-used-car-market-in-2021-27fd460a9067

[49] McKinney, K. (2014, June 5). America's favorite foods in 4 charts. Vox. https://www.vox.com/2014/6/5/5780694/americas-favorite-foods-in-four-charts

[50] Ehret, T. (2017, June 30). SEC's advanced data analytics helps detect even the smallest illicit market activity. U.S. https://www.reuters.com/article/bc-finreg-data-analytics/secs-advanced-data-analytics-helps-detect-even-the-smallest-illicit-market-activity-idUSKBN19L28C

[51] Naggie, S., MD. (2022, October 25). Effect of Ivermectin vs. Placebo on Time to

Sustained Recovery in Outpatients With Mild to Moderate COVID-19: A. https://jamanetwork.com/journals/jama/fullarticle/2797483?resultClick=1

[52] Ivermectin shown ineffective in treating COVID-19, according to multi-site study including KU Medical Center. (n.d.). https://www.kumc.edu/about/news/news-archive/jama-ivermectin-study.html

[53] Spurious correlations. (n.d.). https://tylervigen.com/spurious-correlations

[54] LeGare, N. J. P. (2022, March 24). Link between autism and vaccination debunked. Mayo Clinic Health System. https://www.mayoclinichealthsystem.org/hometown-health/speaking-of-health/autism-vaccine-link-debunked

[55] Chiolero, A. (2018). Why causality, and not prediction, should guide obesity prevention policy. The Lancet. Public Health, 3(10), e461 - e462. https://doi.org/10.1016/s2468-2667(18)30158-0

[56] The Hidden Biases in Big Data. (2021, August 27). Harvard Business Review. https://hbr.org/2013/04/the-hidden-biases-in-big-data

[57] Roy, A. S. (2021, December 15). Garbage in, Garbage out: Hidden biases in data. - Aanand Shekhar Roy. Medium. https://medium.com/@aanandshekharroy/garbage-in-garbage-out-hidden-biases-in-data-e71763b5b79b

[58] Biases Archive. (n.d.). Catalog of Bias. https://catalogofbias.org/biases/

[59] Fluharty, M. E., Taylor, A. E., Grabski, M., & Munafò, M. R. (2017). The Association of Cigarette Smoking With Depression and Anxiety: A Systematic Review. Nicotine & Tobacco Research, 19(1), 3 - 13. https://doi.org/10.1093/ntr/ntw140

[60] Fedak, K. M., Bernal, A., Capshaw, Z. A., & Gross, S. A. (2015). Applying the Bradford Hill criteria in the 21st century: how data integration has changed causal inference in molecular epidemiology. Emerging Themes in Epidemiology, 12(1).

https://doi.org/10.1186/s12982-015-0037-4

61 Staff, R. (2007, January 17). Colgate censured over advert. US https://www.reuters.com/article/uk-britain-colgate/colgate-censured-over-advert-idUKL1654835620070117

62 Clarke, O. (2015, June 19). Colgate's "80% of dentists recommend" claim under fire | marketinglaw. Marketinglaw. https://marketinglaw.osborneclarke.com/retailing/colgates-80-of-dentists-recommend-claim-under-fire/

63 Calzon, B. (2023b, March 1). Misleading Statistics - Real World Examples For Misuse of Data. BI Blog | Data Visualization & Analytics Blog | Datapine. https://www.datapine.com/blog/misleading-statistics-and-data/:~:text=In%20 2006%2C%20The%20Times%2C%20a,visitors%20from%202004%20to%20 2006.

64 Evans, L. (n.d.). Adventures In Misleading Graphs. http://crazytestbl.blogspot.com/2009/08/adventures-in-misleading-graphs.html

65 Clayton, T., & Clayton, T. (2021, June 22). 15 Misleading Data Visualization Examples. Rigorous Themes. https://rigorousthemes.com/blog/misleading-data-visualization-examples/3_Misleading_pie_chart

66 Singal, Jesse (February 8, 2017). "A Popular Diet-Science Lab Has Been Publishing Really Shoddy Research". New York magazine. Retrieved February 20, 2017. https://www.thecut.com/2017/02/cornells-food-and-brand-lab-has-a-major-problem.html

67 Lee, S. M. (2018, February 26). Here's How Cornell Scientist Brian Wansink Turned Shoddy Data Into Viral Studies About How We Eat. BuzzFeed News. https://www.buzzfeednews.com/article/stephaniemlee/brian-wansink-cornell-p-hacking.ptrkE1Rxj

[68] Wikipedia contributors. (2023, February 15). Brian Wansink. Wikipedia. https://en.wikipedia.org/wiki/Brian_Wansink

[69] Aschwanden, C. (2021, March 8). You Can't Trust What You Read About Nutrition. FiveThirtyEight. https://fivethirtyeight.com/features/you-cant-trust-what-you-read-about-nutrition/

[70] What's Going On in This Graph? (n.d.). The New York Times. https://www.nytimes.com/column/whats-going-on-in-this-graph

[71] Ingraham, C. (2016, April 11). The dirty little secret that data journalists aren't telling you. Washington Post. https://www.washingtonpost.com/news/wonk/wp/2016/04/11/the-dirty-little-secret-that-data-journalists-arent-telling-you/

참고 자료

2018 and 2019 budgets by technology in selected IEA countries and the European Union – Charts – Data & Statistics – IEA. (*n.d.*). *IEA*. https://www.iea.org/data-and-statistics/charts/2018-and-2019-budgets-by-technology-in-selected-iea-countries-and-the-european-union-2

Aschwanden, C. (2021, March 8). *You Can't Trust What You Read About Nutrition*. *FiveThirtyEight*. https://fivethirtyeight.com/features/you-cant-trust-what-you-read-about-nutrition/

Average children per family U.S. 2022 | Statista. (2022, December 13). Statista. https://www.statista.com/statistics/718084/average-number-of-own-children-per-family/#:~:text=The%20typical%20American%20picture%20of,18%20per%20family%20in%201960.&text=If%20there's%20one%20thing%20the,is%20known%20for%2C%20it's%20diversity.

Barnes, B. H. (2013, September 7). *Do left-handed people really die young?* BBC News. https://www.bbc.com/news/magazine-23988352

Baykoucheva, Svetla (2015). *Managing Scientific Information and Research Data*. Waltham, MA: Chandos Publishing. p. 80. ISBN 9780081001950.

Bayes for days: What to do with signal | Mawer Investment Management Ltd. (n.d.). https://www.mawer.com/the-art-of-boring/blog/bayes-for-days-what-to-do-with-signal

Bayes Theorem Application in Everyday Life : Networks Course blog for INFO 2040/CS 2850/Econ 2040/SOC 2090. (2018, November 19). https://blogs.cornell.edu/info2040/2018/11/19/bayes-theorem-application-in-everyday-life/

Beers, B. (2023, March 28). *P-Value: What It Is, How to Calculate It, and Why It Matters.* Investopedia. https://www.investopedia.com/terms/p/p-value.asp

Biases Archive. (n.d.). Catalog of Bias. https://catalogofbias.org/biases/

Calzon, B. (2023, March 1). *Misleading Statistics – Real World Examples For Misuse of Data.* BI Blog | Data Visualization & Analytics Blog | Datapine. https://www.datapine.com/blog/misleading-statistics-and-data/

Caporal, J. (2023, February 1). *Are You Well-Paid? Compare Your Salary to the Average U.S. Income.* The Motley Fool. https://www.fool.com/the-ascent/research/average-us-income/

Chiolero, A. (2018). Why causality, and not prediction, should guide obesity prevention policy. *The Lancet. Public Health,* 3(10), e461-e462. https://doi.org/10.1016/s2468-2667(18)30158-0

Clarke, O. (2015, June 19). *Colgate's "80% of dentists recommend" claim under fire | marketinglaw. Marketinglaw.* https://marketinglaw.osborneclarke.com/retailing/colgates-80-of-dentists-recommend-claim-under-fire/

Clayton, T., & Clayton, T. (2021, June 22). *15 Misleading Data Visualization Examples.* Rigorous Themes. https://rigorousthemes.com/blog/misleading-data-visualization-examples/#3_Misleading_pie_chart

Definition of statistics. (n.d.). In *www.dictionary.com.* https://www.dictionary.com/

browse/statistics#:~:text=noun,more%20or%20less%20disparate%20elements.

Definition of statistics. (2023). In *Merriam-Webster Dictionary*. https://www.merriam-webster.com/dictionary/statistics

Dickie, G. (2020, November 13). *Why Polls Were Mostly Wrong*. Scientific American. https://www.scientificamerican.com/article/why-polls-were-mostly-wrong/

E. (2022, November 8). *How do you define Data Literacy*? The Data Literacy Project. https://thedataliteracyproject.org/how-do-you-define-data-literacy/

Ehret, T. (2017, June 30). *SEC's advanced data analytics helps detect even the smallest illicit market activity*. U.S. https://www.reuters.com/article/bc-finreg-data-analytics/secs-advanced-data-analytics-helps-detect-even-the-smallest-illicit-market-activity-idUSKBN19L28C

Evans, L. (n.d.). *Adventures In Misleading Graphs*. http://crazytestbl.blogspot.com/2009/08/adventures-in-misleading-graphs.html

Fedak, K. M., Bernal, A., Capshaw, Z. A., & Gross, S. A. (2015). Applying the Bradford Hill criteria in the 21st century: how data integration has changed causal inference in molecular epidemiology. *Emerging Themes in Epidemiology*, *12*(1). https://doi.org/10.1186/s12982-015-0037-4

Federal surveys show no increase in U.S. violent crime rate since the start of the pandemic | Pew Research Center. (2022, October 31). Pew Research Center. https://www.pewresearch.org/fact-tank/2022/10/31/violent-crime-is-a-key-midterm-voting-issue-but-what-does-the-data-say/ft_2022-10-31_violent-crime_02c/

Fluharty, M. E., Taylor, A. E., Grabski, M., & Munafò, M. R. (2017). The Association of Cigarette Smoking With Depression and Anxiety: A Systematic Review. *Nicotine & Tobacco Research*, *19*(*1*), *3-13*. https://doi.org/10.1093/ntr/ntw140

Frey, M. C. (2019). What We Know, Are Still Getting Wrong, and Have Yet to Learn about the Relationships among the SAT, Intelligence, and Achievement. *Journal of Intelligence*, 7(4), 26. https://doi.org/10.3390/jintelligence7040026

Ingraham, C. (2016, April 11). *The dirty little secret that data journalists aren' t telling you*. Washington Post. https://www.washingtonpost.com/news/wonk/wp/2016/04/11/the-dirty-little-secret-that-data-journalists-arent-telling-you/

Ivermectin shown ineffective in treating COVID-19, according to multi-site study including KU Medical Center. (n.d.). https://www.kumc.edu/about/news/news-archive/jama-ivermectin-study.html

Jeffcoat, Y. (2022, August 24). *How Do Television Ratings Work?* HowStuffWorks. https://entertainment.howstuffworks.com/question433.htm

Kelly, J. (2021, July 25). *Working 9-To-5 Is An Antiquated Relic From The Past And Should Be Stopped Right Now*. Forbes. https://www.forbes.com/sites/jackkelly/2021/07/25/working-9-to-5-is-an-antiquated-relic-from-the-past-and-should-be-stopped-right-now/?sh=485a7ba40de6

L. (2022, January 6). *1.1: What Is Statistical Thinking?* Statistics LibreTexts. https://stats.libretexts.org/Bookshelves/Introductory_Statistics/Book%3A_Statistical_Thinking_for_the_21st_Century_(Poldrack)/01%3A_Introduction/1.01%3A_What_Is_Statistical_Thinking%3F

Lai, S. (2022, June 21). *Data misuse and disinformation: Technology and the 2022 elections*. Brookings. https://www.brookings.edu/blog/techtank/2022/06/21/data-misuse-and-disinformation-technology-and-the-2022-elections/

Lee, S. M. (2018, February 26). *Here' s How Cornell Scientist Brian Wansink Turned Shoddy Data Into Viral Studies About How We Eat*. BuzzFeed News. https://www.buzzfeednews.com/article/stephaniemlee/brian-wansink-cornell-p-hacking#.

ptrkE1Rxj

LeGare, N. J. P. (2022, March 24). *Link between autism and vaccination debunked.* Mayo Clinic Health System. https://www.mayoclinichealthsystem.org/hometown-health/speaking-of-health/autism-vaccine-link-debunked

Marr, B. (2022, September 28). *The Importance Of Data Literacy And Data Storytelling.* Forbes. https://www.forbes.com/sites/bernardmarr/2022/09/28/the-importance-of-data-literacy-and-data-storytelling/?sh=31cb47ac152f

Maugh, T. H., II. (2019, March 9). *Left-Handers Die Younger, Study Finds - Los Angeles Times.* Los Angeles Times.

McCombes, S. (2023, March 27). *Sampling Methods | Types, Techniques & Examples.* Scribbr. https://www.scribbr.com/methodology/sampling-methods/

McKinney, K. (2014, June 5). *America' s favorite foods in 4 charts.* Vox. https://www.vox.com/2014/6/5/5780694/americas-favorite-foods-in-four-charts

Mercer, A., Deane, C., & McGeeney, K. (2020, August 14). *Why 2016 election polls missed their mark. Pew Research Center.* https://www.pewresearch.org/fact-tank/2016/11/09/why-2016-election-polls-missed-their-mark/

Naggie, S., MD. (2022, October 25). *Effect of Ivermectin vs. Placebo on Time to Sustained Recovery in Outpatients With Mild to Moderate COVID-19: A.* https://jamanetwork.com/journals/jama/fullarticle/2797483?resultClick=1

NOVA | The Deadliest Plane Crash | How Risky Is Flying? | PBS. (*n.d.*). https://www.pbs.org/wgbh/nova/planecrash/risky.html

PolitiFact - Chart shown at Planned Parenthood hearing is misleading and "ethically wrong." (n.d.). @Politifact. https://www.politifact.com/factchecks/2015/oct/01/jason-chaffetz/chart-shown-planned-parenthood-hearing-misleading-/

Porritt, S. (2023, March 22). *Data Cleaning: Techniques & Best Practices for 2023.*

TechnologyAdvice. https://technologyadvice.com/blog/information-technology/data-cleaning/

Roy, A. S. (2021, December 15). *Garbage in, Garbage out: Hidden biases in data. - Aanand Shekhar Roy*. Medium. https://medium.com/@aanandshekharroy/garbage-in-garbage-out-hidden-biases-in-data-e71763b5b79b

Sahagian, G. (2022, March 30). *Analyzing the Used Car Market in 2021 - Geek Culture - Medium*. Medium. https://medium.com/geekculture/analyzing-the-used-car-market-in-2021-27fd460a9067

Scribbr. (n.d.). *The Beginner' s Guide to Statistical Analysis | 5 Steps & Examples*. https://www.scribbr.com/category/statistics/

Selvin, Steve (August 1975b). "On the Monty Hall problem (letter to the editor)". *The American Statistician*. 29 (3): 134. JSTOR 2683443

Spurious correlations. (n.d.). https://tylervigen.com/spurious-correlations

Staff, R. (2007, January 17). *Colgate censured over advert*. US https://www.reuters.com/article/uk-britain-colgate/colgate-censured-over-advert-idUKL1654835620070117

Stiglitz, J. E. (2011, March 31). *Of the 1%, by the 1%, for the 1%. Vanity Fair*. https://www.vanityfair.com/news/2011/05/top-one-percent-201105

Stone, C., Trisi, D., Sherman, A., & Beltrán, J. (2020, January 13). *A Guide to Statistics on Historical Trends in Income Inequality*. Center on Budget and Policy Priorities. https://www.cbpp.org/research/poverty-and-inequality/a-guide-to-statistics-on-historical-trends-in-income-inequality

Stratified Random Sample: Definition, Examples - Statistics How To. (2023, March 3). Statistics How To. https://www.statisticshowto.com/probability-and-statistics/sampling-in-statistics/stratified-random-sample/

Taylor, Frederick Winslow (1911), *The Principles of Scientific Management*, New York, NY, USA and London, UK: Harper & Brothers, LCCN 11010339, OCLC 233134

Team, W. (2022, May 20). *Stratified Sampling*. WallStreetMojo. https://www.wallstreetmojo.com/stratified-sampling/

The Hidden Biases in Big Data. (2021, August 27). Harvard Business Review. https://hbr.org/2013/04/the-hidden-biases-in-big-data

The Learning Network. (2020, June 9). *What's Going On in This Graph? | Bus Ridership in Metropolitan Areas*. The New York Times. https://www.nytimes.com/2020/04/02/learning/whats-going-on-in-this-graph-bus-ridership-in-metropolitan-areas.html

The Modal American. (2019, August 18). NPR.

Trufelman, A. (2019, November 11). *On Average - 99% Invisible. 99% Invisible*. https://99percentinvisible.org/episode/on-average/

Ward, P. (2022, August 15). *Frederick Taylor's Principles of Scientific Management Theory*. NanoGlobals. https://nanoglobals.com/glossary/scientific-management-theory-of-frederick-taylor/

What is Bayesian Analysis? | International Society for Bayesian Analysis. (n.d.). https://bayesian.org/what-is-bayesian-analysis/

What's Going On in This Graph? (n.d.). The New York Times. https://www.nytimes.com/column/whats-going-on-in-this-graph

Singal, Jesse (*February 8, 2017*). *"A Popular Diet-Science Lab Has Been Publishing Really Shoddy Research". New York magazine. Retrieved February 20, 2017. https://www.thecut.com/2017/02/cornells-food-and-brand-lab-has-a-major-problem.html*